建 筑 结 构

主　编　龙建旭　王　懿
副主编　王　转　郝增韬　杨　纯　谭　进
参　编　罗世辉　赵　红

北京理工大学出版社
BEIJING INSTITUTE OF TECHNOLOGY PRESS

内 容 提 要

本书根据《建筑结构荷载规范》（GB 50009—2012）、《混凝土结构设计规范》（GB 50010—2010）、《砌体结构设计规范》（GB 50003—2011）和《建筑抗震设计规范》（GB 50011—2010）等现行标准规范编写。全书共分十一章，主要内容包括：钢筋和混凝土的力学性能、钢筋混凝土结构的设计原则、钢筋混凝土受弯构件、钢筋混凝土受扭构件、混凝土受压和受拉构件、预应力混凝土构件、钢筋混凝土梁板结构、多高层框架结构、砌体结构、钢结构简介和建筑结构抗震设计简介等。

本书既可作为高等院校土建类相关专业教材，也可供建筑工程技术人员参考使用。

图书在版编目（CIP）数据

建筑结构 / 龙建旭，王懿主编.—北京：北京理工大学出版社，2015.8（2019.2重印）
ISBN 978-7-5682-0939-7

Ⅰ.①建… Ⅱ.①龙…②王… Ⅲ.①建筑结构—高等学校—教材 Ⅳ.①TU3

中国版本图书馆CIP数据核字(2015)第168074号

出版发行 / 北京理工大学出版社有限责任公司		
社　　址 / 北京市海淀区中关村南大街5号		
邮　　编 / 100081		
电　　话 / (010)68914775(总编室)		
82562903(教材售后服务热线)		
68948351(其他图书服务热线）		
网　　址 / http://www.bitpress.com.cn		
经　　销 / 全国各地新华书店		
印　　刷 / 北京紫瑞利印刷有限公司		
开　　本 / 787毫米×1092毫米　1/16		
印　　张 / 11		责任编辑 / 周　磊
字　　数 / 264千字		文案编辑 / 周　磊
版　　次 / 2015年8月第1版　2019年2月第5次印刷		责任校对 / 周瑞红
定　　价 / 38.00元		责任印制 / 边心超

图书出现印装质量问题，请拨打售后服务热线，本社负责调换

前 言 PREFACE

近年来，随着我国建筑结构技术及其应用的迅速发展，新材料、新技术、新工艺、新设备在建筑工程中得到了广泛应用，建筑工程设计与施工相关标准规范陆续创新修订和颁布实施。本书以建筑工程设计与施工最新标准规范为依据，以适应社会需求为目标，以培养学生的技术能力为主线，结合高等院校建筑结构课程教学大纲的要求进行编写。本书编写时充分考虑建筑工程相关专业的深度和广度，以"必需、够用"为度，以"讲清概念、强化应用"为重点，力求目标明确，内容精炼，由浅入深，循序渐进，从而为"工程造价管理""结构软件设计""建筑工程质量检测"等后续课程的学习打下牢固的理论基础。

通过对本书的学习，学生可了解建筑结构的基本设计原理，掌握钢筋、混凝土及砌体材料的力学性能，以及钢筋混凝土结构、砌体结构和各种基本构件的受力特点，掌握一般房屋建筑的结构布置、截面选型及基本构件的设计计算方法，正确理解国家建筑结构设计规范中的有关规定，正确进行截面设计等，同时能处理建筑结构施工中的一般问题，逐步培养和提高综合应用能力，为从事房屋建筑工程设计、施工及项目管理工作打下良好的基础。

本书主要内容包括钢筋和混凝土的力学性能、钢筋混凝土结构的设计原则、钢筋混凝土受弯构件、钢筋混凝土受扭构件、混凝土受压和受拉构件、预应力混凝土构件、钢筋混凝土梁板结构、多高层框架结构、砌体结构、钢结构简介和建筑结构抗震设计简介等。

本书由龙建旭、王懿担任主编，王转、郝增韬、杨纯、谭进担任副主编，罗世辉、赵红参与了本书部分章节编写工作。在本书编写过程中，参考了一些公开出版和发表的文献资料，在此向相关作者谨表谢意。同时本书的出版得到了北京理工大学出版社各位编辑的大力支持，在此一并表示感谢！

限于编者水平有限，书中难免有不妥和疏漏之处，欢迎广大读者批评指正。

编 者

目 录 CONTENTS

绪论·······················1

  一、建筑结构的分类·············1

  二、混凝土结构的发展简介········2

  三、本课程任务和学习方法········2

第一章 钢筋和混凝土的力学性能·······4

  第一节 钢筋的力学性能·········4

    一、钢筋的分类···············4

    二、钢丝和钢绞线·············5

    三、钢筋强度和变形···········5

    四、钢筋混凝土结构对钢筋性能的

      要求·····················6

    五、钢筋的选用···············7

  第二节 混凝土的力学性能·······7

    一、混凝土强度···············7

    二、混凝土变形···············8

    三、混凝土的选用············10

  第三节 钢筋与混凝土粘结力····10

    一、钢筋与混凝土协同工作的原因···10

    二、粘结力的组成············10

    三、影响粘结力的因素········10

  本章小结···················11

  思考题实践练习·············11

第二章 钢筋混凝土结构的设计原则 12

  第一节 建筑结构的功能要求、安全

      等级和极限状态·········12

    一、建筑结构的功能要求········12

    二、建筑结构的安全等级········13

    三、建筑结构的极限状态········13

  第二节 结构极限状态设计方法······14

    一、结构的可靠度和影响结构可靠性

      的因素·····················14

    二、荷载和材料强度的确定······15

    三、结构的设计状况及设计规定···16

    四、荷载效应组合·············17

    五、承载能力极限状态设计表达式···17

    六、正常使用极限状态设计表达式···19

  第三节 混凝土结构耐久性设计······20

    一、混凝土结构的环境类别······21

    二、混凝土材料的耐久性基本要求···21

    三、钢筋的混凝土保护层厚度····22

    四、耐久性技术措施···········23

    五、检测与维护要求···········23

    六、其他情况·················23

  本章小结···················23

  思考题实践练习·············24

第三章 钢筋混凝土受弯构件·········25

  第一节 受弯构件构造要求·····26

    一、梁的一般构造要求·········26

    二、板的一般构造要求·········29

  第二节 受弯构件正截面承载力

      计算·····················30

    一、钢筋混凝土梁正截面应力-应变

      发展过程···················30

二、钢筋混凝土梁正截面的破坏形式…31

三、单筋矩形截面受弯构件正截面

　　承载力计算 ……………………32

四、双筋矩形截面受弯构件正截面

　　承载力计算 ……………………37

五、T形截面受弯构件 …………40

第三节　受弯构件斜截面承载力

　　　　计算 …………………………45

一、概述 ………………………………45

二、受弯构件斜截面的破坏形态…45

三、受弯构件斜截面承载力计算……46

第四节　受弯构件裂缝及变形验算

　　　　简介 …………………………49

一、概述 ………………………………49

二、裂缝宽度验算 …………………50

三、受弯构件的挠度验算…………54

本章小结 …………………………56

思考题实践练习 …………………57

第四章　钢筋混凝土受扭构件………59

第一节　受扭构件概述……………59

一、钢筋混凝土受扭构件 …………59

二、矩形抗扭钢筋形式 ……………59

第二节　混凝土纯扭构件承载力

　　　　计算 …………………………60

一、钢筋混凝土纯扭构件破坏形态…60

二、矩形截面素混凝土纯扭构件承载力

　　计算 ………………………………60

三、I形和T形截面素混凝土纯扭构件

　　承载力计算 ……………………61

四、矩形截面钢筋混凝土纯扭构件承

　　载力计算 ………………………61

五、I形和T形截面钢筋混凝土纯扭

　　构件承载力计算 ………………62

第三节　矩形截面弯剪扭构件承载力

　　　　计算 …………………………62

一、弯剪扭构件承载力计算………62

二、截面尺寸限制条件 ……………64

三、构造规定 ………………………64

四、矩形截面弯剪扭构件配筋计算

　　步骤 ………………………………64

本章小结 …………………………68

思考题实践练习 …………………68

第五章　混凝土受压和受拉构件………70

第一节　受压构件概述……………70

一、受压构件的分类 ………………70

二、受压构件构造要求 ……………71

第二节　轴心受压构件正截面承载力　72

一、普通箍筋轴心受压构件的受力性能

　　与承载力计算 …………………72

二、间接钢筋轴心受压柱的受力性能与

　　承载力计算 ……………………75

第三节　偏心受压构件……………77

一、偏心受压构件破坏形态及其特征…77

二、矩形截面偏心受压构件正截面承载

　　力计算 ……………………………78

三、对称截面配筋承载力计算……83

第四节　钢筋混凝土受拉构件……84

一、轴心受拉构件 …………………84

二、偏心受拉构件 …………………85

本章小结 …………………………88

思考题实践练习 …………………89

第六章　预应力混凝土构件…………90

第一节　预应力混凝土概述………90

一、预应力混凝土构件 ……………90

二、预应力混凝土的分类 …………90

三、预应力混凝土构件材料………91

第二节　施加预应力的方法和工具　92

一、施加预应力的方法 ……………92

二、施加预应力的工具 ……………93

第三节　预应力损失计算…………93

一、张拉控制应力 …………………93

　　二、预应力损失计算·········93
　　三、预应力损失值的组合·······97
　本章小结············98
　思考题实践练习··········98

第七章　钢筋混凝土梁板结构········· 99

　第一节　钢筋混凝土梁板结构概述··· 99
　第二节　单向板肋梁楼盖········ 100
　　一、结构布置···········100
　　二、计算简图···········100
　　三、结构内力计算方法·······101
　　四、配筋设计及构造要求······102
　第三节　双向板肋梁楼盖········ 103
　　一、结构平面布置·········103
　　二、双向板受力的特点·······103
　　三、双向板楼盖的截面设计与构造
　　　要求············104
　第四节　楼梯············ 105
　　一、现浇板式楼梯的设计······106
　　二、钢筋混凝土现浇梁式楼梯计算与
　　　构造要求··········106
　本章小结············110
　思考题实践练习··········111

第八章　多高层框架结构········· 112

　第一节　多高层框架结构概述······· 112
　　一、框架结构体系·········112
　　二、剪力墙结构体系········112
　　三、框架-剪力墙结构体系·····113
　　四、筒体结构体系·········113
　第二节　多高层框架结构的类型及
　　　布置············ 113
　　一、多高层框架结构的类型·····113
　　二、多高层框架结构的布置·····114
　第三节　多高层框架结构计算简介··· 115
　　一、计算单元···········115
　　二、计算模型的确定········115

　　三、框架结构上的荷载·······116
　第四节　多高层框架结构构造要求··· 116
　　一、梁的构造要求·········116
　　二、柱的构造要求·········117
　本章小结············118
　思考题实践练习··········119

第九章　砌体结构················ 120

　第一节　砌体结构概述·········· 120
　　一、砌体结构的特点········120
　　二、砌体结构的分类········120
　第二节　砌体材料和砌体力学性能··· 121
　　一、砌体材料···········121
　　二、砌体力学性能·········124
　第三节　砌体结构构件承载力计算··· 127
　　一、无筋砌体受压构件承载力计算··· 127
　　二、无筋砌体局部受压·······130
　　三、梁端支承处无垫块砌体局部
　　　受压············132
　第四节　网状配筋砌体构件承载力
　　　计算············ 133
　第五节　砌体结构构造措施······· 134
　　一、一般墙、柱高厚比验算·····135
　　二、带壁柱墙和带构造柱墙的高厚比
　　　验算············136
　本章小结············137
　思考题实践练习··········138

第十章　钢结构简介············ 139

　第一节　钢结构概述··········· 139
　　一、钢结构的类型·········139
　　二、钢结构的特点·········139
　　三、钢材的力学性能········140
　　四、钢材的化学成分········140
　　五、钢材的分类和规格·······141
　第二节　钢结构的连接········· 142
　　一、焊缝的形式与构造·······143

二、焊缝计算 …………………… 144
三、螺栓连接 …………………… 144
第三节 钢屋盖简介 …………… 146
一、钢屋架 ……………………… 147
二、托架 ………………………… 148
三、天窗架 ……………………… 148
四、支撑系统 …………………… 148
本章小结 ……………………… 149
思考题实践练习 ……………… 150

第十一章 建筑结构抗震设计简介 … 151
第一节 地震的基础知识 ……… 151
一、地震的类型 ………………… 151
二、地震波 ……………………… 151

三、地震的破坏作用 …………… 151
四、震级与烈度 ………………… 152
第二节 抗震设防与概念设计 …… 153
一、抗震设防的依据 …………… 153
二、抗震设防目标 ……………… 153
三、抗震设计的方法 …………… 153
四、抗震设计的基本要求 ……… 153
五、建筑抗震概念设计 ………… 155
本章小结 ……………………… 156
思考题实践练习 ……………… 157

附录 常用数据 ……………… **158**

参考文献 ……………………… **168**

绪 论

建筑一般是指建筑物和构筑物的总称。建筑物是指人们从事生产、生活和其他社会活动的房屋或者场所，如住宅、厂房等；构筑物是仅仅为了满足生产、生活中一部分功能而建造的工程设施，如烟囱、水塔等。

一、建筑结构的分类

建筑结构又称为骨架，是指建筑物中由若干个基本构件按照一定的组成规则，通过规定的连接方式所组成的能够承受并传递各种作用的空间受力体系。

1. 按材料进行分类

建筑结构按承重结构所用材料可分为钢筋混凝土结构、砌体结构、钢结构等。

钢筋混凝土结构是指由混凝土和钢筋两种基本材料组成的一种能共同作用的结构材料。采用混凝土作为建筑结构材料，主要是因为混凝土的原材料(砂、石子等)来源丰富，钢材用量较少，结构承载力和刚度大，防火性能好，造价低。钢筋混凝土结构已广泛应用于工程建设中。

砌体结构又称砖石结构，是砖砌体、砌块砌体、石砌体建造的结构的统称。砌体结构是我国建筑工程中最常用的结构形式，墙体结构中砖石结构约占 95％以上，主要应用于多层住宅、办公楼等民用建筑的基础、内外墙身、门窗过梁、墙柱等构件(在抗震设防烈度6度区，烧结普通砖砌体住宅可建成 8 层)。

钢结构是指建筑物的主要承重构件全部由钢板或型钢制成的结构。由于钢结构具有承载能力高、质量较轻、钢材材质均匀、塑性和韧性好、制造与施工方便、工业化程度高、拆迁方便等优点，所以它的应用较为广泛。目前，钢结构多用于工业与民用建筑中的大跨度结构、高层和超高层建筑、重工业厂房、受动力荷载作用的厂房、高耸结构以及一些构筑物等。

2. 按承重体系进行分类

建筑结构按承重结构体系可分为混合结构、框架结构、剪力墙结构、框架-剪力墙结构、筒体结构、排架结构、网架结构、悬索结构、壳体结构等。

混合结构是主要承重构件由不同材料组成的房屋。如房屋的楼盖和屋盖采用钢筋混凝土结构(或木结构)，而墙、柱基础等竖向承重构件采用砌体材料。

框架结构是以由钢筋混凝土梁、柱组成的框架作为竖向承重和抗水平作用的结构体系。具有建筑室内空间布置灵活，平面和立面变化丰富等优点。但在水平荷载作用下，结构的侧向刚度较小，水平位移较大，故称其为柔性结构体系。框架结构抗震性能较差，适用于非抗震设计、层数较少的建筑中。

剪力墙结构是利用建筑物的钢筋混凝土墙体作为抗侧力构件并同时承受竖向荷载的结构体系。剪力墙结构整体性好，刚度大，抗侧力性能好，同时抗震性能也较好。其适用于建造高层建筑，一般在 10～40 层范围内都可采用，在 20～30 层的房屋中应用较为广泛。但剪力墙间距太小，平面布置往往受到限制而不够灵活。

在框架结构中布置一定数量的剪力墙可以组成框架-剪力墙结构，竖向荷载主要由框架承受，水平荷载主要由剪力墙承受。既有框架结构布置灵活、使用方便的优点，又有较大的刚度和较强的抗震能力，因而广泛地应用于高层办公楼及宾馆建筑。

筒体结构体系是由剪力墙或密柱框架组成的筒体，具有很大的空间刚度和抗侧、抗扭能力，用于承受水平荷载。筒体有以楼板作为刚性隔板加劲的箱形截面竖向悬臂梁。其适用于层数超过 40～50 层的超高层建筑。

二、混凝土结构的发展简介

1824 年英国人阿斯普丁发明了硅酸盐水泥；1849 年法国人朗波制造了第一只钢筋混凝土小船；1872 年在纽约建造了第一所钢筋混凝土房屋；混凝土结构开始应用于土木工程距今仅 150 多年。与砖石结构、钢木结构相比，混凝土结构的历史并不长，但发展非常迅速，是目前土木工程结构中应用最为广泛的结构，而且高性能混凝土和新型混凝土结构形式还在不断地发展。

我国应用最早的建筑结构是砖石结构和木结构。公元 595—605 年建造于河北赵县的赵州桥是世界上最早的空腹式单孔圆弧石拱桥。该桥净跨 37.37 m，拱高 7.2 m，宽 9 m，外形美观，受力合理，建造水平较高。公元 1056 年建造于山西应县的木塔，塔高 67.31 m，为我国最高的木结构建筑。

我国也是采用钢铁结构最早的国家。公元 60 年前后便用铁索建桥，比欧洲早 70 多年。我国用铁造房的历史也比较悠久，例如现存的湖北荆州玉泉寺的 13 层铁塔建于宋代，已有 1 500 年的历史。

改革开放以来，我国的建设事业蓬勃发展，香港特别行政区的中环大厦建成于 1992 年，73 层，高 301 m，是当时世界上最高的钢筋混凝土结构建筑；上海浦东的金茂大厦建成于 1998 年，88 层，高 420 m，属于钢和混凝土混合结构，是当时我国内地第一、世界第四高度的高层建筑；我国台湾地区的国际金融中心大厦建成于 2005 年，101 层，高 508 m，属于钢和混凝土混合结构，是当时世界第一高度的高层建筑。

三、本课程任务和学习方法

(1)建筑结构是建筑工程相关专业的核心专业课，主要掌握以下内容：

1)钢筋和混凝土等常见建筑材料的力学特点。

2)建筑结构的基本设计原则。

3)建筑结构基本构件的受力特点、破坏形态、截面和配筋计算以及安全性复核。

4)结构构件的布置原则。

5)整体结构的基本分析。

6)建筑结构和构件的构造要求。

(2)在建筑结构课程的学习过程中，要注意以下几点，并运用相应的学习方法：

1)正确理解和使用计算公式。建筑结构中的公式都是建立在科学或工程实践的基础上，因此，要理解公式的基本假定，注意公式的适用范围和限制条件。

2)注意结构设计和复核的综合性。建筑结构设计的任务是选择适用、经济的结构方案，并通过承载力计算、变形验算及其配筋构造等，确定结构的设计和检测复核方案。

3)注意相关知识体系的整体性。建筑结构与建筑力学、建筑工程施工图识读、建筑材料、结构软件设计等课程密切相关，学习中应把相关课程联系起来，并注重理论联系实际。

4)注意结合相关规范。行业规范是进行相关工程行为的标准，教材的学习中要紧密地结合相关现行规范。

第一章 钢筋和混凝土的力学性能

钢筋的分类；钢筋的性能；混凝土的性能；钢筋混凝土结构中对钢筋和混凝土的选用；钢筋与混凝土的粘结力。

第一节 钢筋的力学性能

在钢筋混凝土工程中所使用的钢产品主要有钢筋、钢丝、钢绞线等。

一、钢筋的分类

（1）钢筋按化学成分不同可分为碳素钢钢筋和普通低合金钢钢筋。碳素钢按其含碳量多少又可分为低碳钢、中碳钢和高碳钢，见表1.1。工程上，低碳钢和中碳钢具有明显的屈服点，韧性好，强度低，又称为软钢；高碳钢强度高，无明显屈服点，质脆，又称为硬钢。普通低合金钢是在碳素钢的基础上再加入微量的合金元素，如钛、硅、锰、钒等，以提高钢材强度，改善其塑性性能。

表 1.1 碳素钢分类

类别	组成元素			性能
低碳钢	主要组成元素为铁元素	碳元素含量＜0.25％	少量其他元素：如硅、磷、锰、硫等	随着含碳量的增加，强度提高，塑性与可焊性降低
中碳钢		0.25≤碳元素含量≤0.6％		
高碳钢		碳元素含量＞0.6％		

（2）钢筋按其应用不同可分为普通钢筋和预应力钢筋。普通钢筋是用低碳钢或低合金钢在高温下轧制而成，常见的有 HPB300、HRB335、HRB400 和 RRB400 级等；预应力钢筋应用于预应力混凝土结构中，其强度一般比普通钢筋高，可分为预应力钢丝、钢绞线和预应力螺纹钢丝。

（3）钢筋按生产加工工艺不同可分为热轧钢筋、热处理钢筋、冷拉钢筋、冷轧钢筋等。

1）热轧钢筋。热轧钢筋用低碳钢或低合金钢在高温下轧制而成。其分类如下：

①按外形不同可分为光面钢筋和带肋钢筋。带肋钢筋有月牙纹钢筋、螺纹钢筋和人字纹钢筋。

②按生产工艺不同可分为普通热轧钢筋、余热处理钢筋和细晶粒热轧钢筋。其中，余热处理钢筋是钢筋热轧即穿水，表面冷却而中心余热自身进行回火处理的钢筋，通过控制

钢筋显微组织和表面淬硬层面积所占比例，提高钢筋力学性能；细晶粒热轧钢筋是通过控轧和控冷工艺形成的晶粒度不粗于九级的钢筋。

③按强度不同可分为四个强度等级，见表1.2。其中，HPB300级钢筋为低碳钢，HRB335、HRB400、HRB500级钢筋为普通低合金钢，随着级别的提高，钢筋的强度提高而塑性降低。

表1.2　普通钢筋强度标准值

牌号	符号	公称直径 d/mm	屈服强度标准值 f_{yk}/(N·mm^{-2})
HPB300	φ	6～22	300
HRB335	Φ	6～50	335
HRBF335	Φ^F		
HRB400	Φ	6～50	400
HRBF400	Φ^F		
RRB400	Φ^R		
HRB500	Φ	6～50	500
HRBF500	Φ^F		

注：表中 HPB 为热轧光圆钢筋，RRB 为余热处理带肋钢筋，HRB 系列为普通热轧带肋钢筋，HRBF 系列为采用控温轧制工艺生产的细晶粒带肋钢筋。

2)热处理钢筋。热处理钢筋是利用热轧钢筋(一般是热轧Ⅳ级钢筋)的余热进行淬火，中温回火等调质处理后得到的钢筋。可大大提高钢筋强度，而对塑性影响不大。热处理钢筋多用于大型预应力混凝土构件。

3)冷拉钢筋。用冷拉的冷加工方法可以提高热轧钢筋的强度，冷拉后，钢筋的屈服强度有较大提高，但塑性有所降低。需要注意的是，经过冷拉加工的钢筋只提高了抗拉强度，做受压钢筋时，抗压强度取冷拉前的屈服强度。

二、钢丝和钢绞线

工程上一般把钢筋直径大于 6 mm 的称为钢筋；直径小于 6 mm 的称为钢丝，钢丝的直径越细，强度越高。钢丝一般用于预应力混凝土结构。冷拔钢丝是将钢筋用强力使其通过比它自身直径小的硬质合金拔丝模，经过几次冷拔，钢丝的抗拉与抗压强度比原来都有大幅度提高，但同样其塑性降低很多，且表面光滑，与混凝土之间的粘结力较差。冷拉只能提高钢筋的抗拉强度，而冷拔则可同时提高钢筋的抗拉和抗压强度。

钢绞线是将多根钢丝用绞盘绞制而成。在预应力混凝土结构中，为了减少工作过程中的应力松弛现象，钢绞线应在一定张力下进行短时间热处理。

三、钢筋强度和变形

钢筋强度和变形方面的性能主要用钢筋拉伸试验所得的应力-应变曲线来表示。如图 1.1 所示，对应于 a 点的应力称为比例极限。a 点以后，应变增加变快，图形变曲，钢筋开始表现出塑性性质。当达到 b 点时，应力不再增加而应变却继续增加，钢筋开始塑性流动，直至 c 点，这种现象称为钢筋的屈服，对应于 b 点的应力称为屈服强度，bc 段称为流幅或者屈服平台。c 点以后，钢筋又恢复部分弹性，应力沿曲线上升至最高点 d，对应于 d 点的强度称为极限强度，cd 段称为强化阶段。d 点以后，钢筋在薄弱处发生局部颈缩现象，塑性变形迅速增加，而应力却随之下降。达到 e 点时试件断裂。断裂后的残余应变称为伸长率，即钢筋试件拉断后的伸长值与原长的比值，伸长率越好，塑性性能越好。可以看出，此种钢筋具有明显的屈服台阶，延伸率较大，塑性好，称为软钢。常见的软钢有热轧钢筋和冷拉钢筋。

如图 1.2 所示，该种钢筋没有明显的屈服台阶，延伸率较小，塑性差，但极限强度高，称为硬钢。常见的硬钢有冷拔钢筋、冷轧钢筋、热处理钢筋、高强钢丝和钢绞线。

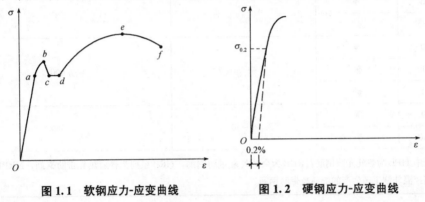

图 1.1　软钢应力-应变曲线　　　　图 1.2　硬钢应力-应变曲线

钢筋的变形性能指标除了伸长率以外，还有冷弯性能，它反映的是钢筋在常温下承受弯曲的能力，冷弯在规定的弯心直径 D 和冷弯角度 α 下弯曲而不发生断裂，且无裂纹、鳞落和断裂现象，即认为钢筋冷弯性能合格。

在钢筋混凝土结构计算中，对于硬钢和软钢设计强度的取值依据不同。软钢有明显流幅的钢筋，取其屈服强度作为钢筋的强度标准值。这是因为当软钢屈服后，将产生很大的塑性变形，导致钢筋混凝土构件产生很大的裂缝和变形，影响构件的正常使用。对于无明显流幅的硬钢，为防止构件突然破坏且裂缝变形过大，设计强度不可取抗拉极限强度，通常取相应于残余应变的 0.2%时的应力值作为假定屈服强度，又称为条件屈服强度。条件屈服强度根据相关规定取为极限强度的 0.85 倍。

四、钢筋混凝土结构对钢筋性能的要求

(1)较高的强度。采用较高屈服强度的钢筋可以节省钢材，获得较好的经济效益。

(2)适当的屈强比。屈强比是指屈服强度和极限强度的比值，用以反映结构的可靠程度。屈强比过小，结构虽然可靠，但钢材利用率低；屈强比过大，则结构不可靠。

(3)良好的塑性性能。合格的伸长率与冷弯性能可以保证钢筋在断裂前有足够的变形和裂缝，破坏预兆明显。

(4)较好的可焊性。一般建筑工程中钢筋的焊接是不可避免的，因此要保证焊接接头处受力性能良好。

(5)良好的混凝土粘结力。保证钢筋与混凝土协同工作。

(6)在寒冷地区，结构对钢筋的低温性能也有一定的要求。

五、钢筋的选用

(1)纵向受力普通钢筋宜采用 HRB400、HRB500、HRBF400、HRBF500 钢筋，也可采用 HPB300、HRB335、HRBF335、RRB400 钢筋。

(2)梁、柱纵向受力普通钢筋应采用 HRB400、HRB500、HRBF400、HRBF500 钢筋。

(3)箍筋宜采用 HRB400、HRBF400、HPB300、HRB500、HRBF500 钢筋，也可采用 HRB335、HRBF335 钢筋。

(4)预应力筋宜采用预应力钢丝、钢绞线和预应力螺纹钢筋。

第二节　混凝土的力学性能

混凝土是用水泥、砂子、石子和水按一定的配合比经过混合搅拌、浇筑振捣、养护等步骤凝固硬化形成的人工石材。工程上又称之为"砼"。

一、混凝土强度

混凝土的强度指标主要包括立方体抗压强度、轴心抗压强度和轴心抗拉强度。

1. 混凝土立方体抗压强度和混凝土的强度等级

《混凝土结构设计规范》(GB 50010—2010)规定，立方体抗压强度标准值是指按标准方法制作、养护的边长为 150 mm 的立方体试件，在 28 d 或设计规定龄期以标准试验方法测得的具有 95% 保证率的抗压强度值，用 f_{cu} 表示。混凝土可按 f_{cu} 的大小划分为 14 个强度等级，分别是 C15、C20、C25、C30、C35、C40、C45、C50、C55、C60、C65、C70、C75、C80。字母 C 后面的数值代表该等级混凝土的立方体抗压强度标准值，单位为 N/mm^2。

由于在实际试验中，固定约束混凝土试块的两端压力机钢板对试块的横向变形会起到约束作用，导致混凝土试块不易破坏，因而测定的 f_{cu} 高于混凝土构件的轴心抗压强度，所以 f_{cu} 不可直接用于结构设计。

2. 混凝土轴心抗压强度

在实际工程中，受压混凝土构件往往是长度比截面尺寸大很多的棱柱体，而不是立方体。用棱柱体构件测得的抗压强度称为混凝土轴心抗压强度。试验中棱柱体的高宽比通常采用 h/b 为 3~4，这是因为增加 h/b 可以减小两端压力机钢板对试块的横向变形的约束作用，但若 h/b 过大，试件破坏时会出现附加偏心而影响轴心受压的结果。一般采用的试件尺寸有 100 mm×100 mm×300 mm，150 mm×150 mm×450 mm。各等级混凝土轴心抗压强度标准值 f_{ck} 见表 1.3。

侧向压应力的存在可以约束受压混凝土构件的横向变形，限制其内部裂缝的发展，提高轴心抗压强度；侧向拉应力则反之。

3. 混凝土轴心抗拉强度

混凝土是一种脆性材料，内部孔隙率较大，因此其抗拉强度低。同等级混凝土轴心抗拉强度仅为轴心抗压强度的 1/10 左右。工程中对不允许出现裂缝的构件，混凝土轴心抗拉强度是重要指标。各等级混凝土轴心抗拉强度标准值 f_{tk} 见表 1.3。

表 1.3　混凝土轴心抗拉强度标准值　　　　　　　　　　　　　　N/mm²

强度	混凝土强度等级													
	C15	C20	C25	C30	C35	C40	C45	C50	C55	C60	C65	C70	C75	C80
f_{ck}	10.0	13.4	16.7	20.1	23.4	26.8	29.6	32.4	35.5	38.5	41.5	44.5	47.4	50.2
f_{tk}	1.27	1.54	1.78	2.01	2.20	2.39	2.51	2.64	2.74	2.85	2.93	2.99	3.05	3.11

二、混凝土变形

1. 混凝土在一次短期荷载作用下的变形

混凝土受压时的应力-应变曲线一般是用均匀加载的棱柱体试件来测定的。其典型应力-应变曲线如图 1.3 所示。其中 C 点对应的应力为轴心抗压强度 f_c。可将曲线分为以下四段：

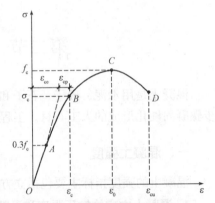

图 1.3　混凝土受压应力-应变曲线

(1)OA 段。此时压应力相对较小，混凝土的变形主要是集料和水泥石结晶体的弹性变形，曲线近似为直线。

(2)AB 段。$0.3f_c < \sigma_c \leqslant 0.8f_c$。除水泥凝胶体的黏性流动外，混凝土集料与水泥凝胶体接触的局部地方，以及凝胶体内部在结硬过程中因水分蒸发和水泥收缩生成了极微小的裂缝，并开始开展，应变的增加速度大于应力的增加速度，混凝土出现塑性性质，此时混凝土的应变由弹性应变 ε_{ce} 和塑性应变 ε_{cp} 两部分组成。

(3)BC 段。$0.8f_c < \sigma_c \leqslant f_c$。随着应力增加，微裂缝发展成为相互贯通并与压力方向平行的裂缝，集料与水泥石之间的黏性作用破坏，试件即将破坏。

(4)CD 段。当应力达到混凝土的轴心抗拉强度 f_c，即达到最大承载能力，此时对应的压应变 $\varepsilon_0 \approx 0.002$，然后曲线开始下降，试件承载能力降低，应变继续增大，最后达到混凝土的极限压应变 $\varepsilon_{cu} \approx 0.0033$。$\varepsilon_{cu}$ 越大，混凝土的塑性和延性性能越好，抗震性能也越强。

混凝土受拉时的应力-应变曲线的形状与受压时相似。

混凝土的应力与其对应的弹性应变之比称为混凝土的弹性模量，从上述可知，混凝土的应力与应变呈非线性关系，所以其弹性模量是一个变量。在实际工程中，为了简化计算，必须确定一个适当的常数作为混凝土的弹性模量，见表 1.4。

表 1.4　混凝土的弹性模量　　　　　　　　　　　　　　×10⁴ N/mm²

强度	混凝土的强度等级													
	C15	C20	C25	C30	C35	C40	C45	C50	C55	C60	C65	C70	C75	C80
E_c	2.20	2.55	2.80	3.00	3.15	3.25	3.35	3.45	3.55	3.60	3.65	3.70	3.75	3.80

2. 混凝土在多次重复加载下的变形

工业厂房中的吊车梁，荷载重复加载的次数可达数百万次以上。试验表明，类似于吊车梁这样的重复荷载作用下的构件，混凝土将出现"疲劳"现象，此时混凝土的变形模量降低至弹性模量的 0.4 倍左右，强度也有所减小，这种情况下混凝土的破坏称为疲劳破坏。

3. 混凝土在长期荷载作用下的徐变

混凝土在长期荷载作用下，应力不变，应变随着时间的增长而继续增长的现象称为混凝土的徐变。试验表明，混凝土徐变的发展规律为先快后慢，一般在最初 4 个月徐变增长较快，6 个月可达最终徐变量的 70%～80%，以后逐渐变慢，第一年可完成 90% 左右，其余部分在以后几年内慢慢完成，三年后基本终止。最终徐变量可达初始弹性压应变的 2～3 倍。

产生徐变的原因可归纳为两点：一是混凝土中尚未转化为晶体的水泥混凝土胶体在荷载长期作用下发生了黏性流动并向毛细孔中移动；二是由于混凝土硬化过程中与集料接触面形成了微裂缝，并在长期荷载作用下持续发展。

影响混凝土徐变的因素很多，主要因素如下：

(1)水灰比和水泥用量。在水灰比不变的条件下，水泥用量越多，徐变越大；在水泥用量不变的条件下，水灰比越大，徐变量越大。

(2)集料的含量与质量。在混凝土中增加集料的含量、提高集料的质量，可以减少徐变量。

(3)养护温湿度。混凝土养护时相对湿度和温度高，徐变显著减小。

(4)构件加荷时的龄期。龄期越短，徐变越大。

(5)持续应力的大小。应力越大，徐变越大。

徐变对混凝土的受力和变形情况产生了很多重要影响，如导致了混凝土的变形增大，在预应力混凝土构件中导致预应力损失以及在梁柱截面中引起内力重分布等。所以在实际工程中，应采取适当措施，减小混凝土徐变的不利影响。

4. 混凝土的收缩与膨胀

混凝土在空气中结硬时，体积收缩；在水中结硬时，体积膨胀。收缩量比膨胀量大得多。混凝土的收缩变形值起初增加非常快，两周后可完成全部收缩值的 25%，一个月约完成 50%，三个月后逐渐缓慢，一般两年后趋于稳定，最终收缩值为$(2\sim5)\times10^{-4}$。

混凝土的收缩主要分为凝缩和干缩两部分。凝缩是混凝土凝结过程中自身体积的收缩，原因是混凝土终凝后，混凝土相对湿度因水泥的水化而降低，造成毛细孔中心水分不饱和而产生负压，引起混凝土体积的自身收缩；干缩是自由水分蒸发的收缩，原因是混凝土周围空气中水分未饱和，造成混凝土失水而引起体积收缩，空气相对湿度越低，干缩发展得越快。

在实际工程中，因为支座和钢筋等约束的存在，混凝土的收缩会造成应力，使得构件在加荷前就可能出现裂缝，在预应力构件中还会造成预应力的损失。因此，应注意减小混凝土的收缩。

减小混凝土收缩的措施：减小水灰比和水泥用量；加强养护，保持较潮湿的养护环境；尽可能采用低强度等级混凝土；加强振捣、增大混凝土的密实度；设置施工缝，并可配置一定数量的分布钢筋和构造钢筋。

混凝土膨胀值相对于收缩值很小，且对结构有利，一般可以忽略。

5. 混凝土的温度变形

混凝土随温度的变化而产生的热胀冷缩现象称为混凝土的温度变形。混凝土的温度变形对于大体积混凝土以及上部结构会产生不利影响，如大体积混凝土在硬化初期，外表面不容易保温而内部水化热难以散发，内外温差较大而导致开裂；屋面板内外缘因养护条件以及工作环境差异，温度差异大造成变形不协调，导致边角处开裂，这也是屋面板容易漏水的主要原因之一。

在实际工程中，可以通过采用保温材料设置温度缝、配置温度钢筋等措施来减小混凝土的温度变形。

三、混凝土的选用

(1)素混凝土结构的混凝土强度等级不应低于C15。

(2)钢筋混凝土结构的混凝土强度等级不应低于C20；当采用强度等级400 MPa及以上的钢筋时，混凝土强度等级不应低于C25。

(3)预应力混凝土结构的混凝土强度等级不宜低于C40，且不应低于C30。

(4)承受重复荷载的钢筋混凝土构件，混凝土强度等级不应低于C30。

第三节　钢筋与混凝土粘结力

一、钢筋与混凝土协同工作的原因

钢筋与混凝土是两种性质不同的材料，两者能够协同工作，原因主要有以下两点：

(1)混凝土硬化后会与钢筋在接触表面形成良好的粘结力，从而共同变形抵抗外部荷载。

(2)混凝土的温度线膨胀系数为$(1.0\sim1.5)\times10^{-5}/℃$，钢筋的温度线膨胀系数为$1.2\times10^{-5}/℃$，两者相近，所以当温度变化时，它们的温度变形协调而不会在两者之间产生较大的温度应力破坏粘结。

二、粘结力的组成

(1)混凝土凝结收缩紧握住钢筋而产生的摩擦力。

(2)水泥颗粒因水化作用形成凝胶体，在钢筋表面形成胶结力。

(3)钢筋表面凹凸不平，与混凝土产生机械咬合力。

三种作用中，胶结力较小，一般光面钢筋以摩擦力为主，带肋钢筋以机械咬合力为主。

三、影响粘结力的因素

试验表明，影响钢筋粘结力的主要因素如下：

(1)钢筋表面光滑度。钢筋表面越是凹凸不平，粘结力越大。带肋钢筋的粘结力约为光面钢筋的2倍左右。

(2)混凝土的强度。混凝土强度越高，咬合越紧，粘结力越大。

(3)保护层厚度和钢筋净距。足够的保护层厚度和钢筋净距能防止劈裂裂缝的发生，增强粘结作用。

(4)锚固长度和锚固区横向钢筋的设置。足够的锚固长度有利于粘结应力的积累。横向钢筋(如箍筋)的设置可以限制劈裂裂缝的发生。

影响粘结力的因素较多，导致难以用计算的方法来保证粘结力，所以我国设计规范采取构造措施来保证钢筋与混凝土之间的粘结力，如保护层厚度、净距、锚固长度等。

 **本章小结**

(一)钢筋的性能

具有明显的屈服台阶的软钢，延伸率较大，塑性好，取其屈服强度作为钢筋的强度标准值。没有明显的屈服台阶的硬钢，延伸率较小，塑性差，但极限强度高；硬钢为防止构件突然破坏且裂缝变形过大，设计强度不可取抗拉极限强度，通常取相应于残余应变的0.2%时的应力作为假定屈服强度，又称为条件屈服强度。条件屈服强度根据相关规定取为极限强度的0.85倍。

(二)钢筋的要求

要求钢筋具有较高的强度，适当的屈强比，良好的塑性性能、混凝土粘结力和较好可焊性。在寒冷地区，结构对钢筋的低温性能也有一定的要求。一般受力钢筋宜采用HPB300、HRB335、HRB400、RRB400，预应力筋宜采用预应力钢丝、钢绞线和预应力螺纹钢筋。

(三)混凝土的强度

混凝土的强度指标主要包括立方体抗压强度、轴心抗压强度和轴心抗拉强度。混凝土立方体抗压强度是混凝土基本的强度代表值，是确定混凝土强度等级的依据。混凝土轴心抗压强度和轴心抗拉强度是进行结构计算的指标，注意区分标准值和设计值。

(四)混凝土的变形

混凝土的变形包括在一次短期荷载作用下的变形、多次重复加载下的变形、在长期荷载作用下的徐变、混凝土的收缩与膨胀和混凝土的温度变形。混凝土在一次短期荷载作用下的变形是确定混凝土弹性模量的依据。

(五)钢筋与混凝土之间的粘结

钢筋与混凝土能够协同工作，主要原因是混凝土与钢筋在接触表面形成良好的粘结力，以及混凝土与钢筋的温度线膨胀系数相近。混凝土与钢筋的粘结力主要由三部分组成：摩擦力、胶结力和机械咬合力。

思考题实践练习

1. 钢筋是如何进行分类的？
2. 简述钢筋的应力-应变曲线。
3. 钢筋的强度标准值是如何取值的？
4. 什么是混凝土的立方体抗压强度、轴心抗压强度和轴心抗拉强度？
5. 混凝土的变形有哪些？
6. 钢筋和混凝土粘结力由哪几部分组成？其影响因素有哪些？

第二章 钢筋混凝土结构的设计原则

本章重点

建筑结构的功能要求；建筑结构的极限状态；极限状态设计方法。

第一节 建筑结构的功能要求、安全等级和极限状态

一、建筑结构的功能要求

结构设计的目的是用最经济的方法设计出安全可靠的结构，既要保证结构的经济要求，又要保证结构的功能要求。

工程结构的预定功能要求应包括以下几项：

(1)安全性。要求结构能承受在正常施工和正常使用时可能出现的各种作用，以及在偶然荷载发生时和发生后，其局部可能破坏，但仍能保持必需的整体稳定性。

(2)适用性。要求结构在正常使用时能保证其具有良好的工作性能，不出现过大的变形(如挠度、侧移)和过宽的裂缝。

(3)耐久性。要求结构在正常使用及维护下具有足够的耐久性能，不发生钢筋锈蚀和混凝土风化等现象。

结构的安全性、适用性和耐久性总称为结构的可靠性。结构的可靠性反映了结构在规定的时间内、规定的条件下，完成预定功能的能力。"规定的条件"是指正常设计、正常施工、正常使用和正常维护。"规定的时间"是指"设计使用年限"，即结构在规定的条件下所应达到的使用年限，结构或结构构件在此期限内不需进行大修加固就能够完成其预定的使用功能。我国对各类建筑结构的设计使用年限做了规定，见表2.1。

表2.1 建筑结构设计使用年限分类

类别	结构类型	设计使用年限/年
1	临时性结构	5
2	易于替换的结构构件	25
3	普通房屋和构筑物	50
4	纪念性建筑和特别重要建筑	100

注：结构设计使用年限是指设计规定的结构或结构构件不需要进行大修即可按其预期目的使用的时间。

二、建筑结构的安全等级

学校和临时仓库若发生破坏，两者所产生的生命财产损失相差迥异，所以建筑物的用途不同，其重要程度也不同。因此在进行结构设计时，根据结构破坏可能产生后果的严重性，采用不同的安全等级，见表2.2。建筑物中各类结构构件的安全等级，宜与整个结构的安全等级相同。对其中部分结构构件的安全等级可进行调整，但不得低于三级。

表 2.2　建筑结构的安全等级

安全等级	破坏后果	建筑物类型
一级	很严重	重要的房屋
二级	严重	一般的房屋
三级	不严重	次要的房屋

注：1. 对有特殊要求的建筑物，其安全等级应根据具体情况另行确定。
　　2. 地基基础设计安全等级及按抗震要求设计时建筑结构的安全等级，尚应符合现行国家有关规范的规定。

三、建筑结构的极限状态

结构设计时需首先明确结构丧失其完成预定功能能力的标志。当整个结构或结构的一部分超过某一特定状态而不能满足设计规定的某一功能要求时，则此特定状态称为该功能的极限状态。因此，极限状态实质上是区分结构可靠与失效的界限。

根据结构不同的功能要求，极限状态可分为以下两类。

1. 承载能力极限状态

承载能力极限状态对应于结构或结构构件达到最大承载力、出现疲劳破坏或不适合继续承载的变形，不能满足预定的安全性要求。当结构或构件出现下列状态之一时，应认为超过了承载能力极限状态：

(1)整个结构或结构的一部分作为刚体失去平衡，如挡土墙发生整体滑移，雨篷的倾覆等。

(2)结构构件或连接因超过材料强度而破坏(包括疲劳破坏)，或因过度的塑性变形而不适于继续承载，如钢筋混凝土梁受压区混凝土达到抗压强度，钢结构吊车梁在吊车荷载数百万次的重复作用下钢材发生疲劳破坏而导致整个吊车梁破坏失效。

(3)结构转变为机动体系，如超静定结构中某些截面屈服形成足够多的塑性铰，而导致整个结构成为几何可变体系。

(4)结构或结构构件丧失稳定(如细长杆压屈等)。

(5)地基丧失承载能力而破坏。

承载能力极限状态是关于安全性功能要求的，应严格控制超过此种极限状态的可能性，否则一旦失效，后果严重。其计算应包括下列内容：

(1)结构构件应进行承载力(包括失稳)计算。

(2)直接承受重复荷载的构件应进行疲劳验算。

(3)有抗震设防要求时，应进行抗震承载力计算。

(4)必要时应进行结构的倾覆、滑移、漂浮验算。

(5)对于可能遭受偶然作用，且倒塌可能引起严重后果的重要结构，宜进行防连续倒塌设计。

本书主要介绍第(1)点和第(3)点内容，其他内容可参考相关书籍和规范。

2. 正常使用极限状态

正常使用极限状态是指结构或结构构件达到正常使用或耐久性能的某项规定限值的状态，超过该极限状态，结构就不满足预定的适用性和耐久性要求。当结构或结构构件出现下列状态之一时，应认为超过了正常使用极限状态：

(1)影响正常使用或外观的变形，如梁产生了过大的挠度。

(2)影响正常使用或耐久性能的局部损坏(包括裂缝)。

(3)影响正常使用的振动。

(4)影响正常使用的其他特定状态。

相对于承载能力极限状态，正常使用极限状态主要考虑有关结构适用性的功能，对生命财产的危害较小，所以正常使用极限状态设计的可靠度水平允许比承载能力极限状态的可靠度适当降低；但过大的变形和裂缝不仅影响结构的正常使用和耐久性能，也会使使用者产生心理上的不安全感，所以需要重视。其计算内容如下：

(1)对需要控制变形的构件，应进行变形验算。

(2)对不允许出现裂缝的构件，应进行混凝土拉应力验算。

(3)对允许出现裂缝的构件，应进行受力裂缝宽度验算。

(4)对舒适度有要求的楼盖结构，应进行竖向自振频率验算。

结构设计首先要满足承载能力的要求，以保证结构安全使用；然后按正常使用极限状态进行校核，以保证结构的适用性及耐久性。

第二节　结构极限状态设计方法

一、结构的可靠度和影响结构可靠性的因素

1. 结构的可靠度

在外部荷载、材料强度、使用时间等众多因素的影响下，结构的可靠性具有一定的随机性。当结构构件完成其预定功能的概率达到一定程度，或者不能完成其预定功能的概率小到某一公认的、大家可以接受的程度，就可以认为结构是安全可靠的。结构在规定时间内、规定条件下，完成预定功能的概率，称为结构的可靠度。结构的可靠度用来定量描述结构的可靠性。结构不能完成其预定功能的概率称为失效概率。

2. 影响结构可靠性的因素

由于结构使用过程中众多因素的随机性，因此钢筋混凝土结构设计采用以概率理论为基础的极限状态设计方法，设计时考虑的影响结构可靠性主要因素有两个，即作用效应与结构抗力。

结构上的作用可分为直接作用和间接作用两种。直接作用是以力的形式作用于结构上，又称为荷载，如施加在结构上的集中力或分布力；间接作用是以变形的形式作用于结构上，

如因温度变化、混凝土收缩、地基不均匀沉降等因素引起结构约束变形。

按作用时间的长短和性质，结构上的荷载可分为永久荷载、可变荷载和偶然荷载三种。

(1)永久荷载是指在设计基准期内量值不随时间变化，或其变化与平均值相比可以忽略不计的作用，如结构自重、土压力、预应力等。

(2)可变荷载是指在设计基准期内量值随时间变化，或其变化与平均值相比可以忽略不计的作用，如风荷载、雪荷载、屋面活荷载等。

(3)偶然荷载是指在设计基准期内不一定出现，而一旦出现其量值很大且持续时间很短的作用，如爆炸力、撞击力等。

结构上的作用会使结构产生内力和变形(如弯矩、剪力、压力、拉力、扭矩、裂缝等)，称为作用效应。当作用为荷载时，其效应也称为荷载效应，用 S 表示。荷载的大小不是一个确定值，任何荷载都具有不同性质的变异性。但是结构设计时必须确定其大小，以形成设计依据。我们把这样一个规定的量值称为荷载代表值。荷载可根据不同的设计要求，规定不同的代表值，以使之更能确切地反映它在设计中的特点。常见的荷载代表值有四种，即标准值、组合值、频遇值和准永久值。

结构构件抵抗各种作用的承载力，以及对变形、裂缝等的抵抗能力，称为结构抗力，用 R 表示，如受弯承载力、受剪承载力、容许挠度、容许裂缝宽度等。影响结构抗力的主要因素有结构构件的几何尺寸、所采用材料的性能(如强度、弹性模量等)。结构抗力也不是一个确定值，如混凝土强度在结构使用过程中会因为徐变等原因发生变化，在设计过程中，也需确定其代表值，例如上一章中介绍的钢筋与混凝土的标准值。

结构设计的过程之一就是针对作用下的结构，运用力学和相关结构设计规范的规定，计算出作用效应，并以此确定结构构件的材料和几何尺寸等影响结构抗力的因素，保证结构的功能要求和经济要求。

3. 设计基准期

结构上的作用、作用效应与结构抗力均为随机变量，在结构设计中，是运用数理统计、试验以及经验的方法来进行确定，所以在进行结构设计时，为确定可变作用以及与时间有关材料性能的取值而选择一个时间参数，称为设计基准期。我国的设计基准期为50 年。

二、荷载和材料强度的确定

1. 荷载和材料强度的标准值

荷载的大小不是一个确定值，但是结构设计时必须确定其大小，以形成设计依据。荷载的标准值便是结构设计采用的荷载的基本代表值，是指在结构的使用期间可能出现的最大荷载值，其他代表值都可在标准值的基础上乘以相应的系数得到。现行国家标准《建筑结构荷载规范》(GB 50009－2012)(以下简称"荷载规范")确定了相应荷载的标准值：

(1)恒荷载标准值可按结构构件的设计尺寸和荷载规范规定的材料与构件单位体积的自重计算确定。

(2)不同类型建筑的楼面和屋面活荷载的标准值，可查荷载规范得到。

(3)风荷载标准值是由建筑物所在地的基本风压乘以风压高度变化系数、风载体型系数和风振系数确定，可按荷载规范确定。

(4)雪荷载标准值是由建筑物所在地的基本雪压乘以屋面积雪分布系数确定。

由于结构抗力也是随机变量，例如生产工艺、加载方式、尺寸大小等因素引起材料的实际强度与设计强度存在误差，因而结构设计时同样必须确定其大小，并作为设计依据。

运用概率统计的方法，把具有 95% 保证率的材料强度值称为材料的强度标准值，是指在正常情况下，可能出现的最小强度值。保证率 95% 是指在大量的抽样统计中，强度值比该值低的可能性为 5%。

第一章已经提到，混凝土强度等级是按立方体抗压强度标准值确定，经试验研究和分析，可确定混凝土的轴心抗压强度标准值和轴心抗拉强度标准值，分别用 f_{ck} 和 f_{tk} 表示；热轧钢筋的强度标准值是根据其屈服强度确定，用 f_{yk} 表示。

2. 荷载和材料强度的设计值

对于荷载和材料强度，设计时若直接采用标准值，因为实际工程与理论试验的差异，尚不能保证满足结构的可靠性要求。故在设计过程中，采用了增加分项系数的方法。把荷载标准值与荷载分项系数的乘积称为荷载设计值；把材料强度标准值与材料强度分项系数的比值称为材料强度设计值。普通钢筋的抗拉强度设计值 f_y 和抗压强度设计值 f'_y 见表 2.3；混凝土的抗压强度设计值 f_c 和抗拉强度设计值 f_t 见表 2.4。

表 2.3　普通钢筋强度设计值　　　　　　　　　　　　　　　　N/mm²

牌号	抗拉强度设计值 f_y	抗压强度设计值 f'_y
HPB300	270	270
HRB335、HRBF335	300	300
HRB400、HRBF400、RRB400	360	360
HRB500、HRBF500	435	410

表 2.4　混凝土强度设计值　　　　　　　　　　　　　　　　　N/mm²

强度	混凝土强度等级													
	C15	C20	C25	C30	C35	C40	C45	C50	C55	C60	C65	C70	C75	C80
f_c	7.2	9.6	11.9	14.3	16.7	19.1	21.1	23.1	25.3	27.5	29.7	31.8	33.8	35.9
f_t	0.91	1.10	1.27	1.43	1.57	1.71	1.80	1.89	1.96	2.04	2.09	2.14	2.18	2.22

三、结构的设计状况及设计规定

结构设计时，对于不同的设计状况，具有不同的可靠度水平、基本变量和作用组合等。根据结构在施工和使用中的环境条件，分为下列四种设计状况：

(1)持久设计状况。适用于结构使用时的正常情况。

(2)短暂设计状况。适用于结构出现的临时情况，包括结构施工和维修时的情况等。

(3)偶然设计状况。适用于结构出现的异常情况，包括结构遭受火灾、爆炸、撞击时的情况等。

(4)地震设计状况。适用于结构遭受地震时的情况，在抗震设防地区必须考虑地震设计状况。

针对以上四种工程结构设计状况应分别进行下列极限状态设计：

(1)对四种设计状况，均应进行承载能力极限状态设计。

(2)对持久设计状况，还应进行正常使用极限状态设计。

(3)对短暂设计状况和地震设计状况，可根据需要进行正常使用极限状态设计。

(4)对偶然设计状况，可不进行正常使用极限状态设计。

四、荷载效应组合

结构设计时，为了保证结构的可靠性，在确定其荷载效应时，应对所有可能同时出现的诸荷载作用加以组合，求得组合后在结构中的总效应。考虑荷载出现的变化性质，包括出现的与否和不同的方向，这种组合多种多样，因此，还必须在所有可能组合中取其中最不利的一组作为该极限状态的设计依据。常见的荷载效应组合有基本组合、偶然组合、标准组合、频遇组合和准永久组合。

五、承载能力极限状态设计表达式

(1)对于承载能力极限状态，应按荷载效应的基本组合或偶然组合计算荷载组合的效应设计值，并应采用下列设计表达式进行设计：

$$\gamma_0 S_d \leqslant R_d \tag{2-1}$$

式中　　γ_0——结构重要性系数：在持久设计状况和短暂设计状况下，对安全等级为一级的结构构件，不应小于1.1；对安全等级为二级的结构构件，不应小于1.0；对安全等级为三级的结构构件，不应小于0.9；对地震设计状况下应取1.0；

S_d——承载能力极限状态下作用组合的效应设计值：对持久设计状况和短暂设计状况应按作用的基本组合计算；对地震设计状况应按作用的地震组合计算；

R_d——结构构件抗力设计值。

(2)荷载效应组合的设计值 S_d。基本组合是指承载能力极限状态计算时针对永久作用和可变作用的组合。对于基本组合，一般结构构件的荷载效应组合设计值 S_d 应从下列组合值中取最不利值确定：

1)由可变荷载效应控制的组合：

$$S_d = \sum_{j=1}^{m} \gamma_{G_j} S_{G_{jk}} + \gamma_{Q_1} \gamma_{L_1} S_{Q_{1k}} + \sum_{i=2}^{n} \gamma_{Q_i} \gamma_{L_i} \psi_{c_i} S_{Q_{ik}} \tag{2-2}$$

式中　　γ_{G_j}——第 j 个永久荷载的分项系数，当其效应对结构不利时，对由可变荷载效应控制的组合，取1.2，对由永久荷载效应控制的组合，取1.35；当其效应对结构有利时，不应大于1.0；

γ_{Q_i}——第 i 个可变荷载的分项系数，其中 γ_{Q_1} 为主导可变荷载 Q_1 的分项系数，对标准值大于 $4~\mathrm{kN/m^2}$ 的工业房屋楼面结构的活荷载，取1.3；其他情况，应取1.4；

γ_{L_i}——第 i 个可变荷载考虑设计使用年限的调整系数，其中 γ_{L_1} 为主导可变荷载 Q_1 考虑从设计使用年限的调整系数；当设计使用年限为5年时，取0.9；设计使用年限为50年时，为1.0；当设计使用年限为100年时，取1.1；当设计年限不为以上数值时，可按线性内插法确定，对于荷载标准值可控制的活荷载，取1.0；对于雪荷载和风荷载，应取重现期为设计使用年限；

$S_{G_{jk}}$——按第 j 个永久荷载标准值 G_{jk} 计算的荷载效应值；

$S_{Q_{ik}}$——按第 i 个可变荷载标准值 Q_{ik} 计算的荷载效应值，其中 $S_{Q_{1k}}$ 为诸可变荷载效应中起控制作用者；

ψ_{c_i}——第 i 个可变荷载 Q_i 组合系数，对风荷载取 0.6，对其他大部分可变荷载取 0.7；

m——参与组合的永久荷载数；

n——参与组合的可变荷载数。

此处，我们把可变荷载与其对应的可变荷载组合值系数的乘积称为可变荷载组合值，其为可变荷载代表值之一。当有多种可变荷载作用在结构上时，所有可变荷载同时达到其最大值的概率极小，因此，我们除把产生最大荷载效应（此处的 $S_{Q_{ik}}$）的荷载采用标准值作为代表值外，其他的可变荷载均采用只在相应时段内出现的最大荷载，也即小于其标准值的组合值作为代表值。

2）由永久荷载效应控制的组合：

$$S_d = \sum_{j=1}^{m} \gamma_{G_j} S_{G_{jk}} + \sum_{i=1}^{n} \gamma_{Q_i} \gamma_{L_i} \psi_{c_i} S_{Q_{ik}} \tag{2-3}$$

注：①基本组合中的设计值仅适用于荷载与荷载效应为线性的情况。

②当对 $S_{Q_{1k}}$ 无法明显判断时，应依次以各可变荷载效应为 $S_{Q_{1k}}$，并选取其中最不利的荷载组合的效应设计值。

【例 2-1】 某单层单跨厂房，钢筋混凝土柱柱底在数种荷载作用下的弯矩标准值为：恒载产生的 $M_{Gk}=20$ kN·m，由风荷载产生的 $M_{1k}=50$ kN·m，由屋面活荷载产生的 $M_{2k}=3$ kN·m，由吊车竖向荷载产生的 $M_{3k}=10$ kN·m，由吊车水平荷载产生的 $M_{4k}=25$ kN·m。其中风荷载的组合值系数为 0.6，其他可变荷载的组合值系数为 0.7，试计算该柱柱底弯矩设计值。

【解】 当由永久荷载控制时，根据式（2-3）：

$M=1.35\times20+1.4\times0.6\times50+1.4\times0.7\times(3+10+25)=106.24(\text{kN·m})$

当由可变荷载控制时，由于风荷载、吊车荷载产生的弯矩值较大，应分别作为控制可变荷载，根据式（2-2）：

当风荷载作为控制可变荷载时：

$M=1.2\times20+1.4\times50+1.4\times0.7\times(3+10+25)=131.24(\text{kN·m})$

当吊车荷载作为控制可变荷载时：

$M=1.2\times20+1.4\times(10+25)+1.4\times0.6\times50+1.4\times0.7\times3=117.94(\text{kN·m})$

应取以上计算值中的最大值，故取 $M=131.24$ kN·m。

（3）偶然组合。偶然组合是指一种偶然作用与永久荷载及其他可变荷载相组合。偶然作用发生的概率很小，持续的时间较短，但对结构却可造成相当大的损害。鉴于这种特性，从安全与经济两个方面考虑，当按偶然组合验算结构的承载能力时，所采用的可靠指标值允许比基本组合有所降低。荷载偶然组合的效应设计值 S_d 可按下列规定采用：

1）用于承载能力极限状态计算的效应设计值，按下式进行计算：

$$S_d = \sum_{j=1}^{m} S_{G_{jk}} + S_{A_d} + \psi_{f_1} S_{Q_{1k}} + \sum_{i=2}^{n} \psi_{q_i} S_{Q_{ik}} \tag{2-4}$$

式中 S_{A_d}——按偶然荷载标准值 A_d 计算的荷载效应值；

ψ_{f_1}——第 1 个可变荷载的频遇值系数；

ψ_{q_i}——第 i 个可变荷载的准永久值系数。

2)用于偶然事件发生后受损结构整体稳固性验算的效应设计值，应按下式计算：

$$S_d = \sum_{j=1}^{m} S_{G_{jk}} + \psi_{f_1} S_{Q_{1k}} + \sum_{i=2}^{n} \psi_{q_i} S_{Q_{ik}} \tag{2-5}$$

注：组合中的设计值仅适用于荷载和荷载效应为线性的情况。

(4)结构构件承载力设计值 R_d。混凝土结构构件的承载力(抗弯、抗剪、抗压、抗拉、抗扭等承载力)各有其计算公式，但均取决于材料性能(如强度、弹性模量)和几何尺寸(如截面尺寸、配筋量)。为了保证应有的可靠度，计算公式中会包含相应的一些设计系数，有时还需要限制其计算条件。同时，为保证应有的承载力，还须采取适当的构造措施，使构件承载力得以发挥。

$$R_d = R(f_c, \ f_s, \ a_k, \ \cdots)/\gamma_{Rd} \tag{2-6}$$

式中　$R(\cdot)$——结构构件的抗力函数；

$\quad\quad\gamma_{Rd}$——结构构件的抗力模型不定性系数：静力设计取 1.0，对不确定性较大的结构构件根据具体数值取大于 1.0 的数值；抗震设计应用承载力抗震调整系数 γ_{RE} 代替 γ_{Rd}；

$\quad\quad f_c$、f_s——混凝土、钢筋的强度设计值；

$\quad\quad a_k$——几何参数的标准值，当几何参数的变异性对结构性能有明显的不利影响时，应增减一个附加值。

六、正常使用极限状态设计表达式

(1)对于正常使用极限状态，应根据不同的设计要求，采用荷载的标准组合、频遇组合或准永久组合，并应按下列设计表达式进行设计：

$$S_d \leqslant C \tag{2-7}$$

式中　S_d——正常使用极限状态下荷载效应组合值(挠度、裂缝宽度、应力等)，采用荷载的标准组合、频遇组合或准永久组合；如钢筋混凝土受弯构件的最大挠度应按荷载的准永久组合，预应力混凝土受弯构件的最大挠度应按荷载的标准组合，并均应考虑荷载长期作用的影响进行计算；

$\quad\quad C$——结构或结构构件达到正常使用要求的规定限值，如变形、裂缝、振幅、加速度、应力等的限值，应按各有关建筑结构设计的规范采用。

(2)计算 S_d 值时，需要注意的是，因正常使用极限状态和承载能力极限状态在设计中的重要性不同，采取不同的荷载效应代表值和荷载效应组合值；在荷载保持不变的情况下，因为混凝土的徐变等特性，裂缝和变形等将随时间而发展，所以在验算不同的限值时，要根据不同的要求采取不同的荷载效应代表值和荷载效应组合值，具体参照各章要求和《混凝土结构设计规范》(GB 50010—2010)的规定。

1)荷载效应标准组合主要用于当一个极限状态被超越时将产生严重的永久性损害的场合，是荷载的短期效应，它反映的是设计基准期内的最大荷载效应组合，但相对于承载力极限状态的计算其可靠度水平有所降低(未乘以分项系数)，按下式计算：

$$S_d = \sum_{j=1}^{m} S_{G_{jk}} + S_{Q_{1k}} + \sum_{i=2}^{n} \psi_{c_i} S_{Q_{ik}} \tag{2-8}$$

注：组合中的设计值仅适用于荷载与荷载效应值为线性的情况。

2)荷载效应频遇组合主要用于当一个极限状态被超越时将产生局部损害、较大变形或瞬间振动等情况，是荷载的短期效应，按下式计算：

$$S_d = \sum_{j=1}^{m} S_{G_{jk}} + \psi_{f_1} S_{Q_{1k}} + \sum_{i=2}^{n} \psi_{q_i} S_{Q_{ik}} \tag{2-9}$$

注：组合中的设计值仅适用于荷载与荷载效应值为线性的情况。

此处，我们把可变荷载与其对应的可变荷载频遇值系数的乘积称为可变荷载频遇值；把可变荷载与其对应的准永久值系数的乘积称为可变荷载准永久值。它们都是可变荷载的代表值。荷载频遇值是根据概率统计确定的值，要求荷载在设计基准期内达到和超过该值的总持续时间为一小部分，或超越概率为一定值。而荷载的准永久值也是根据概率统计确定的值，要求荷载在设计基准期内达到和超过该值的总持续时间为设计基准期的50%。

3)荷载准永久组合主要用于当荷载的长期效应为决定性因素的情况，按下式计算：

$$S_d = \sum_{j=1}^{m} S_{G_{jk}} + \sum_{i=1}^{n} \psi_{q_i} S_{Q_{ik}} \tag{2-10}$$

注：组合中的设计值仅适用于荷载与荷载效应值为线性的情况。

(3)正常使用极限状态验算主要是抗裂验算、裂缝宽度验算和挠度验算，其限值 C 参考各章要求。

【例 2-2】 某混凝土结构梁承受永久荷载产生的梁端剪力标准值为 70 kN，屋面活荷载产生的剪力标准值为 20 kN，屋面积灰荷载产生的剪力标准值为 10 kN。其中，屋面活荷载的组合值系数为 0.7，频遇值系数为 0.5，准永久值系数为 0；积灰荷载的组合值系数为 0.9，频遇值系数为 0.9，准永久值系数为 0.8。求该梁梁端剪力的标准组合、频遇组合和准永久组合。

【解】 (1)标准组合：
$$V = 70 + 20 + 0.9 \times 10 = 99 (kN)$$

(2)频遇组合：

当屋面活荷载作为 $S_{Q_{1k}}$ 时：$V_1 = 70 + 0.5 \times 20 + 0.8 \times 10 = 88 (kN)$

当积灰荷载作为 $S_{Q_{1k}}$ 时：$V_1 = 70 + 0 \times 20 + 0.9 \times 10 = 79 (kN)$

故取 $V = 88$ kN。

(3)准永久组合：
$$V = 70 + 0 \times 20 + 0.8 \times 10 = 78 (kN)$$

第三节　混凝土结构耐久性设计

为了保证混凝土结构在环境的作用下满足设计使用年限的要求，还应对混凝土结构进行耐久性设计。耐久性设计包括以下内容：

(1)确定结构所处的环境类别。

(2)提出对混凝土材料的耐久性基本要求。

(3)确定构件中钢筋的混凝土保护层厚度。

(4)不同环境条件下的耐久性技术措施。

(5)提出结构使用阶段的检测与维护要求。

注：对临时性的混凝土结构，可不考虑混凝土的耐久性要求。

一、混凝土结构的环境类别

混凝土结构所处的环境是影响其耐久性的外因，其分类见表2.5。

表2.5　混凝土结构的环境类别

环境类别	条　件
一	室内干燥环境；无侵蚀性静水浸没环境
二 a	室内潮湿环境；非严寒和非寒冷地区的露天环境； 非严寒和非寒冷地区与无侵蚀性的水或土壤直接接触的环境； 严寒和寒冷地区的冰冻线以下的无侵蚀性的水或土壤直接接触的环境
二 b	干湿交替环境；水位频繁变动环境，严寒和寒冷地区的露天环境；严寒和寒冷地区的冰冻线以上与无侵蚀性的水或土壤直接接触的环境
三 a	严寒和寒冷地区冬季水位冰冻区环境；受除冰盐影响的环境；海风环境
三 b	盐渍土环境；受除冰盐作用的环境；海岸环境
四	海水环境
五	受人为或自然的侵蚀性物质影响的环境

注：1. 室内潮湿环境是指构件表面经常处于结露或湿润状态的环境。
　　2. 严寒和寒冷地区的划分应符合现行国家标准《民用建筑热工设计规范》(GB 50176)的有关规定。
　　3. 海岸环境和海风环境宜根据当地情况，考虑主导风向及结构所处迎风、背风部位等因素的影响，由调查研究和工程经验确定。
　　4. 受除冰盐影响的环境是指受到除冰盐盐雾影响的环境；受除冰盐作用的环境是指被除冰盐溶液溅射的环境以及使用除冰盐地区的洗车房、停车楼等建筑。
　　5. 暴露的环境是指混凝土结构表面所处的环境。

二、混凝土材料的耐久性基本要求

混凝土材料的质量是影响结构耐久性的内因，产生影响的主要因素是混凝土的水胶比、强度等级、氯离子含量和碱含量。

(1)水胶比是指每立方米混凝土用水量与所有胶凝材料用量的比值，它直接影响混凝土的渗透性、强度等性质，因而对耐久性的影响较大。

(2)混凝土的强度反映了混凝土的密实度，因而影响了混凝土的耐久性。

(3)长期受到水作用的混凝土结构，可能引发碱-集料反应，碱-集料反应是指混凝土中的碱性物质与集料中的活性成分发生化学反应，引起混凝土内部自膨胀应力而开裂的现象。

(4)混凝土的碱性可使钢筋表面钝化，免遭锈蚀；而氯离子引起钢筋脱钝和电化学腐蚀，会严重影响混凝土结构的耐久性。

设计使用年限为50年的混凝土结构，其混凝土材料应符合表2.6的规定。

表 2.6　结构混凝土材料的耐久性基本要求

环境等级	最大水胶比	最低强度等级	最大氯离子含量/%	最大碱含量/(kg·m^{-3})
一	0.60	C20	0.30	不限制
二 a	0.55	C25	0.20	3.0
二 b	0.50(0.55)	C30(C25)	0.15	
三 a	0.45(0.50)	C35(C30)	0.15	
三 b	0.40	C40	0.10	

注：1. 氯离子含量是指其占胶凝材料总量的百分比。
2. 预应力构件混凝土中的最大氯离子含量为 0.06%；其最低混凝土强度等级宜按表中的规定提高两个等级。
3. 素混凝土构件的水胶比及最低强度等级的要求可适当放松。
4. 有可靠工程经验时，二类环境中的最低混凝土强度等级可降低一个等级。
5. 处于严寒和寒冷地区二 b、三 a 类环境中的混凝土应使用引气剂，并可采用括号中的有关参数。
6. 当使用非碱活性集料时，对混凝土中的碱含量可不作限制。

三、钢筋的混凝土保护层厚度

（1）钢筋的保护层厚度是指钢筋的边缘到混凝土表面的距离。若保护层太小，可能会导致钢筋的锈蚀，所以钢筋的混凝土保护层厚度要符合下列要求：

1）构件中受力钢筋的保护层厚度不应小于钢筋的公称直径 d。

2）设计使用年限为 50 年的混凝土结构，最外层钢筋的保护层厚度应符合表 2.7 的规定；设计使用年限为 100 年的混凝土结构，最外层钢筋的保护层厚度不应小于表 2.7 中数值的 1.4 倍。

（2）当根据工程经验及具体情况采取下列措施时，可适当减小混凝土保护层的厚度：

1）构件表面有可靠的防护层。

2）采用工厂化生产的预制构件。

3）在混凝土中掺加阻锈剂或采用阴极保护处理等防锈措施。

4）当对地下室墙体采取可靠的建筑防水做法或防护措施时，与土层接触一侧钢筋的保护层厚度可适当减小，但不应小于 25 mm。

（3）当梁、柱、墙中纵向受力钢筋的保护层厚度大于 50 mm 时，宜对保护层采取有效的构造措施。当在保护层内配置防裂、防剥落的钢筋网片时，网片钢筋的保护层厚度不应小于 25 mm。

表 2.7　混凝土保护层的最小厚度 c　　　　　　　　　　　　　　mm

环境类别	板、墙、壳	梁、柱、杆
一	15	20
二 a	20	25
二 b	25	35
三 a	30	40
三 b	40	50

注：1. 混凝土强度等级不大于 C25 时，表中保护层厚度数值应增加 5 mm。
2. 钢筋混凝土基础宜设置混凝土垫层，基础中钢筋的混凝土保护层厚度应从垫层顶面算起，且不应小于 40 mm。

四、耐久性技术措施

对于不良环境及耐久性有特殊要求的混凝土结构构件，应有针对性地采取下列耐久性技术措施：

(1)预应力混凝土结构中的预应力筋应根据具体情况采取表面防护、孔道灌浆、加大混凝土保护层厚度等措施，外露的锚固端应采取封锚和混凝土表面处理等有效措施。

(2)有抗渗要求的混凝土结构，混凝土的抗渗等级应符合有关标准的要求。

(3)严寒及寒冷地区的潮湿环境中，结构混凝土应满足抗冻要求，混凝土抗冻等级应符合有关标准的要求。

(4)处于二、三类环境中的悬臂构件宜采用悬臂梁-板的结构形式，或在其上表面增设防护层。

(5)处于二、三类环境中的结构构件，其表面的预埋件、吊钩、连接件等金属部件应采取可靠的防锈措施，对于后张预应力混凝土外露金属锚具，防护要求应参照相关规定。

(6)处在三类环境中的混凝土结构构件，可采用阻锈剂、环氧树脂涂层钢筋或其他具有耐腐蚀性能的钢筋、采取阴极保护措施或采用可更换的构件等措施。

五、检测与维护要求

混凝土结构在设计使用年限内应遵守下列规定：
(1)建立定期检测、维修制度。
(2)设计中可更换的混凝土构件，应按规定更换。
(3)构件表面的防护层，应按规定维护或更换。
(4)结构出现可见的耐久性缺陷时，应及时进行处理。

六、其他情况

(1)一类环境中，设计使用年限为100年的混凝土结构应符合下列规定：
1)钢筋混凝土结构的最低强度等级为C30；预应力混凝土结构的最低强度等级为C40。
2)混凝土中的最大氯离子含量为0.06%。
3)宜使用非碱活性集料，当使用碱活性集料时，混凝土中的最大碱含量为3.0 kg/m^3。
4)混凝土保护层厚度应符合相关规定；当采取有效的表面防护措施时，混凝土保护层厚度可适当减小。
(2)二、三类环境中，设计使用年限为100年的混凝土结构应采取专门的有效措施。
(3)耐久性环境类别为四类和五类的混凝土结构，其耐久性要求应符合有关标准的规定。

➤ **本章小结**

(一)建筑结构的功能要求

工程结构的预定功能要求应包括安全性、适用性和耐久性，总称为结构的可靠性。

结构的可靠性，反映了结构在规定的时间内、规定的条件下，完成预定功能的能力。"规定的条件"是指正常设计、正常施工、正常使用和正常维护；"规定的时间"是指"设计使用年限"，即结构在规定的条件下所应达到的使用年限，结构或结构构件在此期限内不需进行大修加固就能够完成其预定的使用功能。

(二)建筑结构的安全等级

根据结构破坏可能产生的后果的严重性，采用不同的安全等级，建筑结构有三个安全等级，根据安全等级不同，结构设计时，结构重要性系数取值不同。

(三)建筑结构的极限状态与设计方法

根据结构不同的功能要求，极限状态可分为承载能力极限状态和正常使用极限状态。

承载能力极限状态对应于结构或结构构件达到最大承载力、出现疲劳破坏或不适合继续承载的变形，不能满足预定的安全性要求。

承载能力极限状态一般采用荷载的基本组合。

正常使用极限状态是指结构或结构构件达到正常使用或耐久性能的某项规定限值的状态，超过该极限状态，结构就不满足预定的适用性和耐久性要求。

正常使用极限状态一般采用荷载的标准组合、频遇组合和准永久组合。

结构设计首先要满足承载能力的要求，以保证结构安全使用；然后按正常使用极限状态进行校核，以保证结构的适用性及耐久性。

(四)混凝土的耐久性设计

为了保证混凝土结构在环境的作用下满足设计使用年限的要求，还应对混凝土结构进行耐久性设计，耐久性设计包含以下内容：确定结构所处的环境类别；提出对混凝土材料的耐久性基本要求；确定构件中钢筋的混凝土保护层厚度；不同环境条件下的耐久性技术措施；提出结构使用阶段的检测与维护要求。

思考题实践练习

1. 建筑结构的功能要求有哪些？什么是建筑结构的可靠性？影响建筑结构可靠性的因素有哪些？

2. 什么是建筑结构的设计使用年限？建筑结构的安全等级分为几级？什么是设计基准期？

3. 什么是建筑结构的极限状态？极限状态分为几类？有什么标志？极限状态在建筑结构设计中有什么意义？

4. 作用和抗力如何进行分类？荷载和强度的代表值有哪些？

5. 结构的设计状态有哪些？分别应进行哪些极限状态设计？

6. 极限状态的设计表达式有哪些？

7. 荷载的效应组合有哪些？不同的极限状态设计应采用哪些效应组合？基本组合、标准组合、频遇组合的公式各是什么？

8. 耐久性设计包括哪些内容？混凝土结构的环境类别分为哪几类？

第三章 钢筋混凝土受弯构件

本章重点

受弯构件正截面承载力计算及相关配筋；受弯构件斜截面承载力计算及相关配筋；构件裂缝宽度及变形验算。

主要承受由荷载产生的弯矩和剪力的构件称为受弯构件，其产生的变形称为弯曲变形，如图3.1所示。房屋建筑结构中，梁、板是典型的受弯构件。

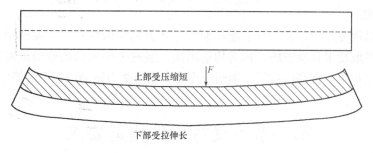

上部受压缩短 ↓F

下部受拉伸长

图3.1 混凝土构件在外部荷载作用下发生弯曲变形

受弯构件的破坏有两种可能：一种是由弯矩作用引起的破坏，破坏截面与构件的纵轴线垂直，称为正截面破坏[图3.2(a)]；另一种是由弯矩和剪力共同作用而引起的破坏，破坏截面是倾斜的，称为斜截面破坏[图3.2(b)]。

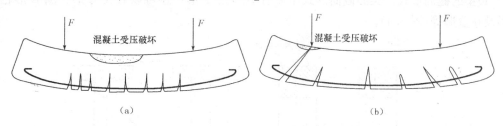

| 混凝土受压破坏 | 混凝土受压破坏 |

(a) (b)

图3.2 混凝土受弯构件破坏形态
(a)正截面破坏；(b)斜截面破坏

受弯构件需进行下列计算与验算。

1. 承载能力极限状态计算

(1)正截面受弯承载力计算。通过控制足够的截面尺寸，以及配置一定数量的纵向受力钢筋，保证受弯构件不发生正截面破坏(图3.3)。

(2)斜截面受弯承载力计算。通过控制足够的截面尺寸，以及配置一定数量的箍筋和弯起钢筋，保证受弯构件不发生斜截面破坏(图3.3)。

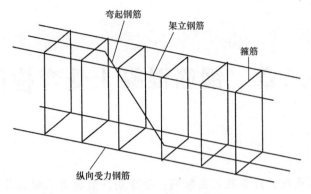

图 3.3　混凝土梁中的钢筋

2. 正常使用极限状态验算

正常使用极限状态验算主要内容包括构件的变形及裂缝宽度的限制。

3. 构造措施

在混凝土结构设计中，有一些未能详细考虑其影响的因素，为了保证构件的安全性和经济性，必须采取技术补救措施，称为构造措施。混凝土结构的构造措施内容主要包括伸缩缝、混凝土保护层、钢筋的锚固、钢筋的连接和纵向受力钢筋的最小配筋率等。

第一节　受弯构件构造要求

一、梁的一般构造要求

1. 梁的截面形式和尺寸

(1)梁的截面形式。梁的截面形式主要有矩形和 T 形，还可以做成 L 形、倒 L 形、工字形及花篮形等(图 3.4)。

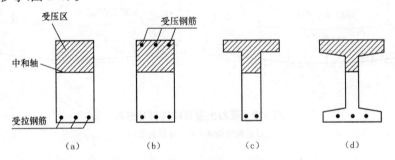

图 3.4　梁的截面形式

(a)单筋矩形梁；(b)双筋矩形梁；(c)T 形梁；(d)工字形梁

(2)梁的截面尺寸。

1)梁的高跨比。梁截面高度 h 按高跨比 h/l 估算。梁的高度 h 按表 3.1 采用，表中 l_0 为梁的计算跨度。

表 3.1 梁的常见高跨比

项次	构件种类		简支	两端连续	悬臂
1	整体肋形梁	次梁	$l_0/15$	$l_0/20$	$l_0/8$
		主梁	$l_0/12$	$l_0/15$	$l_0/6$
2	独立梁		$l_0/12$	$l_0/15$	$l_0/6$

2)梁截面的高宽比。梁截面的高宽比按下列比值范围选用：

对矩形截面梁，取 $b=(\frac{1}{2}\sim\frac{1}{3})h$；

对 T 形截面梁，取 $b=(\frac{1}{2.5}\sim\frac{1}{4})h$。

为了统一模板尺寸和便于施工，梁的截面尺寸应符合模数要求，梁高 h 取 250 mm，300 mm，…，800 mm，以 50 mm 的模数递增，800 mm 以上则以 100 mm 的模数递增。梁宽 b 取 120 mm，150 mm，180 mm，200 mm，220 mm，250 mm，以 50 mm 的模数递增。

确定截面尺寸时宜先根据高跨比初选截面高度 h，然后根据高宽比初选截面宽度 b，再由模数要求初定截面尺寸，最后经过承载力和变形计算检验后最终确定截面尺寸。

2. 梁的支承长度

梁在砖墙或砖柱上的支承长度 a，应满足梁内受力钢筋在支座处的锚固要求，并满足支座处砌体局部抗压承载力的要求。当梁高 $h\leqslant500$ mm 时，$a\geqslant180\sim240$ mm；当梁高 $h>500$ mm 时，$a\geqslant370$ mm。当梁支承在钢筋混凝土梁(柱)上时，其支承长度 $a\geqslant180$ mm。

3. 梁的钢筋

钢筋混凝土梁中通常配有四种钢筋，即纵向受力钢筋、箍筋、弯起钢筋及架立钢筋(图3.3)。当梁的截面尺寸较高时，还应设置梁侧构造钢筋。

(1)纵向受力钢筋。纵向受力钢筋的作用主要是用来承受由弯矩在梁内产生的拉力，有时由于弯矩较大，也在受压区配置纵向受力钢筋协助混凝土共同承受压力。

为保证钢筋骨架有较好的刚度并便于施工，纵向受力钢筋的直径不能太细；再考虑到避免受拉区混凝土产生过宽的裂缝，直径也不宜太粗，通常可选用 10~25 mm 的钢筋。同一梁中，截面一边的受力钢筋直径最好相同，为了选配钢筋方便和节约钢材，也可用两种直径，其直径相差不宜小于 2 mm，以施工时便于识别，但也不宜相差过大，以免钢筋受力不均。

梁下部纵向受力钢筋的净距不得小于 25 mm 和 d；上部纵向受力钢筋的净距不得小于 30 mm 和 $1.5d$；各层钢筋之间的净距不应小于 25 mm 和 d(d 为钢筋的最大直径)。当钢筋根数较多必须排成两层时，上下层钢筋应当对齐，以利于浇筑和捣实混凝土。当构件下部纵向受力钢筋多于两层时，自第三层起，水平方向的间距应比下一层钢筋间距增大一倍。

(2)架立筋。架立筋设置在梁的受压区外缘两侧，一般与纵向受力钢筋平行。架立筋的主要作用是用来固定箍筋的正确位置和形成钢筋骨架。另外，架立筋还可承受因温度变化和混凝土收缩而产生的应力，防止裂缝发生。如在受压区有受压纵向钢筋时，受压钢筋可兼作架立筋。

架立筋的直径：当梁的跨度 $l<4$ m 时，不宜小于 8 mm；当梁的跨度 4 m$<l<6$ m 时，不宜小于 10 mm；当梁的跨度 $l>6$ m 时，不宜小于 12 mm。

(3)弯起钢筋。弯起钢筋一般是由纵向受力钢筋弯起而成的。

弯起钢筋的作用是弯起段用来承受此区域的剪力；跨中水平段承受弯矩产生的拉力；弯起后的水平段可承受支座处的负弯矩。弯起钢筋的数量、位置由计算确定。

弯起钢筋的弯起角度宜取 45°或 60°；在弯终点外应留有平行于梁轴线方向的锚固长度，且在受拉区不应小于 20d，在受压区不应小于 10d（d 为弯起钢筋的直径）；梁底层钢筋中的角部钢筋不应弯起，顶层钢筋中的角部钢筋不应弯下。

(4)箍筋。箍筋的主要作用是用来承受荷载在构件内产生的剪力，防止斜截面破坏。其次，通过绑扎和焊接将箍筋与纵向钢筋连接在一起，形成空间钢筋骨架。梁内箍筋数量由抗剪计算和构造要求确定。

箍筋可分为封闭式(图 3.5)和开口式(图 3.6)两种形式；按肢数多少可分为单肢、双肢和四肢(图 3.7)。

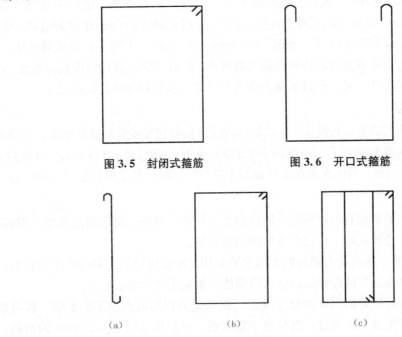

图 3.5　封闭式箍筋　　　　图 3.6　开口式箍筋

图 3.7　梁箍筋构造
(a)单肢箍；(b)双肢箍；(c)四肢箍

梁中箍筋的配置规定：①按承载力计算不需要箍筋的梁，当截面高度大于 300 mm 时，应沿梁全长设置构造箍筋；当截面高度 h 为 150～300 mm 时，可仅在构件端部 $l_0/4$ 范围内设置构造箍筋，l_0 为跨度，但当在构件中部 $l_0/2$ 范围内有集中荷载作用时，则应沿梁全长设置箍筋；当截面高度小于 150 mm 时，可以不设置箍筋。②截面高度大于 800 mm 的梁，箍筋直径不宜小于 8 mm；对截面高度不大于 800 mm 的梁，不宜小于 6 mm。梁中配有计算需要的纵向受压钢筋时，箍筋直径不应小于 $d/4$（d 为受压钢筋最大直径）。

4. 梁侧构造钢筋

当梁的腹板高度 $h_w \geqslant 450$ mm 时，在梁的两个侧面应沿高度配置纵向构造钢筋(亦称腰筋)，可以抵抗温度变化、混凝土收缩在梁中部可能引起的拉力，同时，为了增强钢筋骨架的刚度，增强梁的抗扭作用，在梁侧设置构造钢筋。

每侧纵向构造钢筋（不包括梁上、下部受力钢筋及架力钢筋）的截面面积不应小于腹板截面面积 bh_w 的 0.1%，且其间距不宜大于 200 mm。梁侧构造钢筋应用拉筋联系，拉筋直径与箍筋相同，间距常取箍筋间距的 2 倍，如图 3.8 所示。

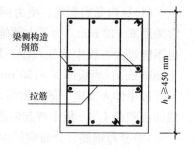

图 3.8　梁侧构造钢筋

二、板的一般构造要求

1. 板的厚度

板的厚度除应满足强度、刚度和裂缝方面的要求外，还应考虑经济效果和施工方便，可参考已有经验和规范规定按表 3.2 确定。对板的跨厚比也有要求：钢筋混凝土单向板不大于 30，双向板不大于 40；无梁支承的有柱帽板不大于 35，无梁支承的无柱帽板不大于 30。预应力板可适当增加；当板的荷载、跨度较大时宜适当减小。

表 3.2　现浇钢筋混凝土板的最小厚度　　　　　　　　　　　　　　　mm

板的类别		最小厚度
单向板	屋面板	60
	民用建筑楼板	60
	工业建筑楼板	70
	行车道下的楼板	80
双向板		80
密肋楼盖	面板	50
	肋高	250
悬臂板（根部）	悬臂长度不大于 500 mm	60
	悬臂长度 1 200 mm	100
无梁楼板		150
现浇空心楼盖		200

2. 板的支承长度

现浇板在砖墙上的支承长度一般不小于板厚且不小于 120 mm，还应满足受力钢筋在支座内的锚固长度要求。预制板的支承长度，在墙上不宜小于 100 mm；在钢筋混凝土梁上不宜小于 80 mm；在钢屋架或钢梁上不宜小于 60 mm。

3. 板的钢筋

钢筋混凝土板中通常只布置两种钢筋，即纵向受力钢筋和分布钢筋。纵向受力钢筋沿板的跨度方向在受拉区布置；分布钢筋在受力钢筋的内侧与受力钢筋垂直布置（图 3.9）。

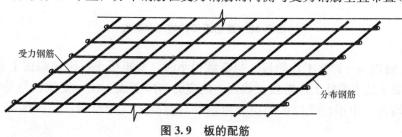

图 3.9　板的配筋

（1）纵向受力钢筋。受力钢筋的作用是承受板中弯矩作用产生的拉力。受力钢筋的直径常采用6～12 mm。为了方便施工，板中钢筋间距不能太小，为了使板受力均匀，钢筋间距也不能过大，板中钢筋间距一般为70～200 mm，当板厚 $h \leqslant 150$ mm 时，钢筋间距不宜大于200 mm；当板厚 $h > 150$ mm 时，钢筋间距不宜大于 $1.5h$，且不宜大于250 mm。

板中伸入支座下部的钢筋，其间距不应大于400 mm，截面面积不应小于跨中受力钢筋截面面积的1/3。板中弯起钢筋的弯起角度不宜小于30°。

（2）分布钢筋。分布钢筋的作用是将板上的荷载均匀地传给受力钢筋，抵抗因混凝土收缩及温度变化而在垂直于受力筋方向所产生的拉力，固定受力钢筋的正确位置。

当按单向板设计时，应在垂直于受力的方向布置分布钢筋，单位宽度上的配筋不宜小于单位宽度上受力钢筋的15％，且配筋率不宜小于0.15％，分布钢筋直径不宜小于6 mm，间距不宜大于250 mm；当集中荷载较大时，分布钢筋的配筋面积尚应增加，且间距不宜大于200 mm。

第二节　受弯构件正截面承载力计算

一、钢筋混凝土梁正截面应力-应变发展过程

在受拉区配置适量纵向受力钢筋的梁，称为适筋梁。适筋梁从开始加载到完全破坏，其应力-应变发展过程可分为三个阶段，如图3.10所示。

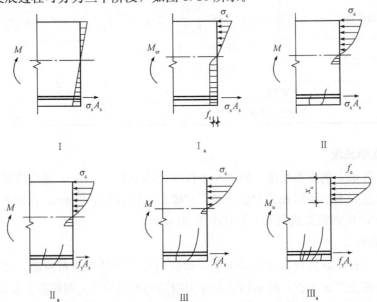

图3.10　适筋梁工作的三个阶段

（1）第Ⅰ阶段——弹性工作阶段。当荷载很小时，弯矩很小，因此截面上的应力-应变也很小，混凝土处于弹性工作阶段，截面上的应力与应变成正比，受拉区与受压区混凝土的应力图形均为三角形，受拉区的拉力由钢筋与混凝土共同承担，受压区压力由混凝土

承担。

随着荷载的增加，弯矩增大，由于混凝土受拉性能较差，受拉区边缘混凝土出现塑性特征，其应力图形呈曲线变化，此时受压区因混凝土的受压性能远好于受拉性能，尚处于弹性阶段，其应力图呈三角形。当弯矩增加到开裂弯矩 M_{cr} 时，受拉区边缘应变达到混凝土受拉极限应变 ε_{tu}，受拉区混凝土处于将裂未裂的阶段，此时为第Ⅰ阶段末，用Ⅰ$_a$ 表示。第Ⅰ$_a$ 阶段的截面应力图形是受弯构件抗裂验算的依据。

（2）第Ⅱ阶段——带裂缝工作阶段。随着荷载的继续增加，受拉区混凝土开裂，裂缝向上发展，中和轴上移，受拉区开裂混凝土退出工作，拉力传递给筋承受。受压区混凝土由于应力增加而表现出塑性性质，压应力图形呈曲线变化，荷载继续增加至钢筋应力达到屈服强度 f_y，此时为第Ⅱ阶段末，用Ⅱ$_a$ 表示。第Ⅱ$_a$ 阶段的截面应力图形是受弯构件裂缝宽度和变形验算的依据。

（3）第Ⅲ阶段——屈服阶段。荷载继续增加，钢筋应力保持 f_y 不变而钢筋应变急剧增长，裂缝不断扩展向上延伸，中和轴迅速上移，受压区高度进一步减小，混凝土的压应力不断增大。当弯矩增加到极限弯矩 M_u 时，截面受压区边缘应变达混凝土极限压应变 ε_{cu}，混凝土被压碎，构件破坏，此时为第Ⅲ阶段末，用Ⅲ$_a$ 表示。第Ⅲ$_a$ 阶段的截面应力图形是受弯构件正截面承载力的计算依据。

适筋梁的破坏称为"适筋破坏"。适筋梁的破坏属于塑性破坏，破坏前裂缝开展明显，挠度较大，有明显的破坏预兆，破坏时钢筋与混凝土的强度得到充分作用。

二、钢筋混凝土梁正截面的破坏形式

钢筋混凝土梁正截面的破坏形式主要与纵向受拉钢筋用量有关。梁内纵向受拉钢筋用量的多少用配筋率 ρ 表示：

$$\rho = \frac{A_s}{A} \tag{3-1}$$

式中　A_s——纵向受拉钢筋的截面面积；

　　　A——梁的有效截面面积。

根据梁内纵向受拉钢筋配筋率的不同，受弯构件正截面的破坏形式可分为适筋梁、超筋梁、少筋梁三种（图 3.11）。

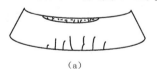　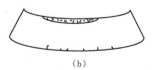　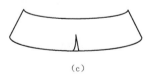

（a）　　　　　　　　　　　（b）　　　　　　　　　　　（c）

图 3.11　受弯构件正截面破坏的三种形式

（a）适筋破坏；（b）超筋破坏；（c）少筋破坏

（1）适筋梁。适筋梁的破坏不是突然发生的，破坏前裂缝开展很宽，挠度较大，有明显的破坏预兆，这种破坏属于延性破坏。由于适筋梁受力合理，钢筋与混凝土均能充分发挥其强度。

（2）超筋梁。当受拉钢筋配筋率 $\rho > \rho_{max}$ 时为超筋梁，其中 $\rho_{max} = \xi_b \alpha_1 \dfrac{f_c}{f_y}$。由于受拉钢筋配置过多，所以梁在破坏时，钢筋应力还没有达到屈服强度，受压混凝土则因达到极限压应变而破坏，我们称这种破坏为"超筋破坏"。破坏时梁在受拉区的裂缝开展不大，挠度较小，破坏是突然发生的，没有明显预兆，这种破坏属于脆性破坏。由于超筋梁为脆性破坏不安全，而且破坏时钢筋强度没有得到充分利用，造成浪费。因此，设计中必须避免采用。

(3)少筋梁。当受拉钢筋配筋率 $\rho < \rho_{min}$ 时为少筋梁，其中少筋梁的受拉区混凝土一旦开裂，拉力完全由钢筋承担，钢筋应力将突然剧增，由于钢筋数量少，钢筋应力立即达到屈服强度或进入强化阶段，甚至被拉断，而此时受压区混凝土尚未被压碎，我们称这种破坏为"少筋破坏"。由于少筋梁破坏时受压区混凝土没有得到充分利用，不经济也不安全，而且其破坏也属于脆性破坏，所以设计时也应避免采用。

上述三种破坏形式若以配筋率表示，则 $\rho_{min} \leqslant \rho \leqslant \rho_{max}$ 为适筋梁；$\rho > \rho_{max}$ 为超筋梁；$\rho < \rho_{min}$ 为少筋梁。可以看出适筋梁与超筋梁的界限是最大配筋率 ρ_{max}；适筋梁与少筋梁的界限是最小配筋率 ρ_{min}。

三、单筋矩形截面受弯构件正截面承载力计算

1. 基本假定

钢筋混凝土受弯构件达到抗弯承载能力极限状态，其正截面承载力计算是以适筋梁第 III_a 阶段为依据建立力学模型，为建立基本公式采用下述基本假定：

(1)平截面假定。正截面在弯曲变形后仍保持一平面。

平截面假定为钢筋混凝土受弯构件正截面承载力计算提供了变形协调的几何关系，提高了计算方法的逻辑性和条理性，使计算公式具有明确的物理概念。

(2)不考虑混凝土的抗拉强度。在此阶段受拉区混凝土已大部分退出工作，故在计算中可忽略不计。

(3)材料的应力-应变物理关系。

1)关于混凝土的应力-应变曲线，有多种不同的计算图式，较常用的是由一条二次抛物线及水平线组成的曲线，如图 3.12 所示。

当 $\varepsilon_c \leqslant \varepsilon_0$ 时(上升段)：

$$\sigma_c = f_c \left[1 - \left(1 - \frac{\varepsilon_c}{\varepsilon_0} \right)^n \right] \tag{3-2-1}$$

当 $\varepsilon_0 < \varepsilon_c \leqslant \varepsilon_{cu}$ 时(水平段)：

$$\sigma_c = f_c \tag{3-2-2}$$

n、ε_0、ε_{cu} 的取值如下：

$$n = 2 - \frac{1}{60}(f_{cu,k} - 50) \tag{3-2-3}$$

$$\varepsilon_0 = 0.002 + 0.5(f_{cu,k} - 50) \times 10^{-5} \tag{3-2-4}$$

$$\varepsilon_{cu} = 0.0033 - (f_{cu,k} - 50) \times 10^{-5} \tag{3-2-5}$$

式中　σ_c——混凝土压应变为 ε_c 时的混凝土压应力；

ε_0——混凝土压应力刚达到 f_c 时的混凝土压应变，当计算的 ε_0 值小于 0.002 时，应取 0.002；

ε_{cu}——正截面的混凝土极限压应变，当处于非均匀受压且按式(3-2-5)计算的值大于 0.0033 时，取为 0.0033；当处于轴心受压时取为 ε_0；

f_c——混凝土轴心抗压强度设计值；

$f_{cu,k}$——混凝土立方体抗压强度标准值；

n——系数，当计算的 n 值大于 2.0 时，取为 2.0。

n、ε_0、ε_{cu} 的取值可参见相关规范，此处仅作为了解。

2）钢筋的应力-应变曲线，多采用简化的理想弹塑性应力-应变关系（图 3.13）。对于有明显屈服台阶的钢筋，OA 为弹性阶段，A 点对应的应力为钢筋屈服强度 f_y，相应的应变为屈服应变 ε_y，OA 的斜率为弹性模量 E_s。AB 为塑性阶段，B 点对应的应变为强化段开始的应变 ε_s，由图 3.13 可得到普通钢筋的应力-应变关系表达式为：

当 $0 \leqslant \varepsilon_s \leqslant \varepsilon_y$ 时：

$$\sigma_s = \varepsilon_s E_s \tag{3-3}$$

当 $\varepsilon_s > \varepsilon_y$ 时：

$$\sigma_s = f_y \tag{3-4}$$

纵向钢筋的应力取钢筋应变与其弹性模量的乘积，但其绝对值不应大于其相应的强度设计值。纵向受拉钢筋的极限拉应变为 0.01。

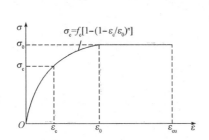
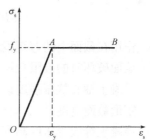

图 3.12　简化的混凝土受压时的应力-应变曲线　　图 3.13　简化的钢筋受拉时的应力-应变曲线

2. 基本公式及适用条件

为了便于建立基本公式，由适筋梁第 III_a 阶段的应力图形简化为图 3.14 所示的曲线应力图形，其简化原则如下：

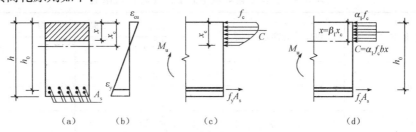

图 3.14　曲线应力图形与等效矩形应力图形

(a)梁的横截面；(b)应变分布图；(c)曲线应力分布图；(d)等效矩形应力分布图

(1)等效矩形应力图的面积与理论应力图的面积相等，即保持受压区混凝土的合力大小不变。

(2)等效矩形应力图的形心位置与理论应力图的形心位置相同，即保证原来受压区混凝土的合力作用点不变。

其中 x_c 为混凝土的实际受压区高度，等效矩形应力图形的混凝土受压区高度 $x = \beta_1 x_c$，等效应力图形的应力值为 $\alpha_1 f_c$，其中 f_c 为混凝土轴心抗压强度设计值，β_1 为等效矩形应力

图受压区高度 x 与中和轴高度 x_c 的比值，α_1 为受压区混凝土等效矩形应力图的应力值与混凝土轴心抗压强度设计值的比值，β_1、α_1 的值见表 3.3。

表 3.3 β_1、α_1 的值

混凝土强度等级	≤C50	C55	C60	C65	C70	C75	C80
β_1	0.8	0.79	0.78	0.77	0.76	0.75	0.74
α_1	1.0	0.99	0.98	0.97	0.96	0.95	0.94

根据截面上的静力平衡条件，可以得到单筋矩形截面梁正截面承载力计算的基本公式：

$$\alpha_1 f_c bx = f_y A_s \tag{3-5}$$

$$M \leqslant M_u = \alpha_1 f_c bx\left(h_0 - \frac{x}{2}\right) \tag{3-6}$$

或

$$M \leqslant M_u = A_s f_y\left(h_0 - \frac{x}{2}\right) \tag{3-7}$$

式中　M——作用在截面上的弯矩设计值；

　　　M_u——截面破坏时的极限弯矩；

　　　f_c——混凝土轴心抗压强度设计值；

　　　b——矩形截面宽度；

　　　x——混凝土等效受压区高度；

　　　f_y——钢筋抗拉强度设计值；

　　　A_s——纵向受拉钢筋截面面积；

　　　h_0——截面有效高度，$h_0 = h - a_s$，h 为截面高度，a_s 为纵向受拉钢筋合力点至截面受拉边缘的距离，室内正常环境下的梁、板可近似按照表 3.4 取值。

表 3.4 室内正常环境下的梁、板 a_s 的近似值

构件种类	纵向受力钢筋的层数	混凝土强度等级	
		<C20	≥C25
梁	一层	40	35
	二层	65	60
板	一层	25	20

式(3-5)～式(3-7)是由适筋梁第Ⅲ$_a$阶段的等效应力图形推导出的，应满足适筋梁的界限条件。

（1）防止发生超筋破坏。受弯构件等效矩形应力图形的混凝土受压区高度 x 与截面有效高度 h_0 的比值称为相对受压区高度 ξ，$\xi = x/h_0$，x 值越大，意味着需要更大面积的受压区混凝土产生的压力来与纵向受力钢筋产生的拉力平衡，但是混凝土受压区的面积并不能无限增大，必定存在一个界限，达到界限后若受拉钢筋继续增加则会发生超筋破坏，这个界限受压区高度与截面有效高度 h_0 的比值，称为界限相对受压区高度 ξ_b。

$$\xi \leqslant \xi_b \tag{3-8}$$

$$x \leqslant \xi_b h_0 \tag{3-9}$$

由 $\xi = x/h_0 = \dfrac{f_y A_s}{\alpha_1 f_c b h_0} = \rho \dfrac{f_y}{\alpha_1 f_c}$ 推出 $\rho = \xi \dfrac{f_y}{\alpha_1 f_c}$，设最大配筋率 $\rho_{max} = \xi_b \dfrac{f_y}{\alpha_1 f_c}$，则：

$$\rho < \rho_{max} \tag{3-10}$$

为了防止发生超筋破坏，应满足式(3-8)、式(3-9)或式(3-10)。各种钢筋的界限相对受压区高度 ξ_b 的取值见表 3.5。

表 3.5　界限相对受压区高度 ξ_b 值

混凝土强度等级	C20～C50			
钢筋强度	HPB300	HRB335、HRBF335	HRB400、HRBF400、RRB400	HRB500、HRBF500
ξ_b	0.576	0.550	0.518	0.482

(2)防止发生少筋破坏。少筋破坏的特点就是"一裂即坏"。为了避免出现这样的情况，必须控制截面的最小配筋率 ρ_{min}。配筋率小于 ρ_{min} 的钢筋混凝土构件，基本等同于素混凝土构件。《混凝土结构设计规范》(GB 50010—2010)规定梁的配筋率不得小于 ρ_{min}。当验算最小配筋率时，配筋率采用全截面面积 bh 进行计算。对于受弯构件最小配筋率 ρ_{min} 按下式计算：

$$\rho_{min} = \max(0.45 f_t / f_y,\ 0.2\%) \tag{3-11}$$

3. 截面设计和截面复核

(1)截面设计。已知截面弯矩计算值 M，混凝土和钢筋材料强度设计值 f_c 和 f_y，截面尺寸 $b \times h$，要求计算截面所需配置的纵向受拉钢筋面积 A_s。这是建筑设计等专业方向的基本技能要求。

解法 1：利用式(3-6)，求解关于 x 的一元二次方程；

情况 1：若 $x \leqslant \xi_b h_0$，则将 x 带入式(3-5)，求出纵向受拉钢筋的面积 A_s；

情况 1-1：若 $A_s \geqslant \rho_{min} bh$，则根据 A_s 进行实际配筋，并保证实际配筋面积 $A_s^* \geqslant A_s$；

情况 1-2：若 $A_s < \rho_{min} bh$，不满足最小配筋率要求，说明受压区截面过大，应适当减小整体截面尺寸。若截面尺寸不能减小，则应按最小配筋率配筋，取 $A_s = \rho_{min} bh$，防止发生少筋破坏；

情况 2：若 $x > \xi_b h_0$，则属于超筋梁，应加大截面尺寸、增加混凝土强度等级重新设计，或者设计成双筋矩形截面。

解法 2：令 $x = \xi h_0$，由式(3-6)得：

$$M = \alpha_1 f_c b x \left(h_0 - \frac{x}{2}\right) = \alpha_1 f_c b h_0^2 \xi(1 - 0.5\xi)$$

令
$$\alpha_s = \xi(1 - 0.5\xi) \tag{3-12}$$

则
$$M = \alpha_s \alpha_1 f_c b h_0^2 \tag{3-13}$$

由式(3-7)得：

$$M = A_s f_y \left(h_0 - \frac{x}{2}\right) = A_s f_y h_0 (1 - 0.5\xi)$$

令
$$\gamma_s = 1 - 0.5\xi \tag{3-14}$$

则
$$M = A_s f_y \gamma_s h_0 \tag{3-15}$$

由式(3-13)和式(3-15)可知，已知 α_s、γ_s、ξ 中任一值时，可得到另外两个系数值，可以预先编制成预算表格供设计时查用，因篇幅有限，此处不再叙述。

(2)截面复核。截面复核是指已知M，混凝土和钢筋材料强度设计值f_c和f_y，截面尺寸$b \times h$，与钢筋在截面上的布置，要求计算截面的承载力M_u并与M进行比较。这是建筑检测等专业的基本技能要求。

此时利用式(3-5)和式(3-6)，求解关于x和M_u的方程组。

复核过程中，对于$\xi > \xi_b$的超筋构件，取$\xi = \xi_b$，则：

$$x = \xi_b h_0 \tag{3-16}$$

将式(3-5)或式(3-16)计算的x值代入式(3-6)和式(3-7)计算出M_u。

当$M_u \geqslant M$时，截面安全；

当$M_u < M$时，可采取提高混凝土强度等级、修改截面尺寸，或改为双筋截面等措施。

【例3-1】 某框架结构矩形截面梁尺寸$b \times h = 250 \text{ mm} \times 500 \text{ mm}$，截面处弯矩组合设计值$M_d = 120 \text{ kN·m}$，采用混凝土强度等级为C25和HRB400级钢筋。一类环境条件，安全等级为二级。试进行配筋计算。

【解】 根据已知材料分别查得$f_c = 11.9 \text{ MPa}$，$f_t = 1.27 \text{ MPa}$，$f_y = 360 \text{ MPa}$，$\xi_b = 0.518$。结构的重要性系数$\gamma_0 = 1$，则弯矩计算值$M = \gamma_0 M_d = 120 \text{ kN·m}$。

采用绑扎钢筋骨架，按一层钢筋布置，假设$a_s = 40 \text{ mm}$，则有效高度$h_0 = 500 - 40 = 460 \text{ mm}$。

(1)求受压区高度x。将各已知值代入式(3-6)，则可得到：

$$1 \times 120 \times 10^6 = 1.0 \times 11.9 \times 250x\left(460 - \frac{x}{2}\right)$$

整理后可解得：

$$x_1 = 824 \text{ mm}(\text{大于梁高，舍去})，取 x_2 = 96.2 \text{ mm}$$

进行超筋验算：

$$x_2 = 96.2 \text{ mm} < \xi_b h_0 = 0.518 \times 460 \text{ mm} = 238 \text{ mm}$$

(2)求所需钢筋截面面积A_s。将各已知值及$x = 96.2 \text{ mm}$代入式(3-5)，可得到：

$$A_s = \frac{\alpha_1 f_c b x}{f_y} = \frac{1.0 \times 11.9 \times 250 \times 96.2}{360} = 795(\text{mm}^2)$$

(3)选择并布置钢筋。考虑一层钢筋为4根，则布置$4\Phi16$($A_s = 804 \text{ mm}^2$)(图3-15)。

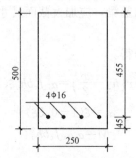

图3.15 例3-1的截面钢筋布置

最小配筋率计算：$\rho_{\min} = \max(0.45 f_t / f_y, \ 0.2\%) = \max(0.16\%, \ 0.2\%) = 0.2\%$；

实际配筋率$\rho = \dfrac{A_s}{bh_0} = \dfrac{804}{250 \times 460} = 0.7\% > \rho_{\min} = 0.2\%$。

【例3-2】 矩形截面梁尺寸$b \times h = 240 \text{ mm} \times 500 \text{ mm}$，混凝土强度等级为C20，

HPB300 级钢筋，$A_s=1\,256\ mm^2$（4φ20）。钢筋布置如图 3.16 所示。一类环境条件，安全等级为二级。复核该截面是否能承受计算弯矩 $M=89\ kN\cdot m$ 的作用。

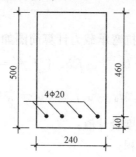

图 3.16 例 3-2 的截面钢筋布置

【解】 根据已知材料分别查得 $f_c=9.6\ MPa$，$f_y=270\ MPa$；$f_t=1.10\ MPa$。由表 3.5 查得 $\xi_b=0.576$。最小配筋率计算：$45\times(f_t/f_y)=0.18\%$，且不应小于 0.2%，故取 $\rho_{min}=0.2\%$。

由图 3.16 得到混凝土保护层厚度 $c=a_s-\dfrac{d}{2}=40-\dfrac{20}{2}=30(mm)$

钢筋间净距：

$$s_n=\frac{240-2\times30-4\times20}{3}\approx33(mm)，\ 符合\ s_n\geqslant max(25\ mm，\ d)=25\ mm$$

实际配筋率 $\rho=\dfrac{1\,256}{240\times460}=1.14\%>\rho_{min}=0.2\%$

(1)求受压区高度 x。由式(3-5)可得：

$$x=\frac{f_yA_s}{\alpha_1 f_c b}=\frac{270\times1\,256}{1.0\times9.6\times240}=147.2\ mm<\xi_b h_0=0.576\times460=265\ mm$$

不会发生超筋梁情况。

(2)求抗弯承载力 M_u。由式(3-6)可得：

$$M_u=\alpha_1 f_c bx\left(h_0-\frac{x}{2}\right)=1.0\times9.6\times240\times147.2\times\left(460-\frac{147.2}{2}\right)=131\times10^6\ N\cdot mm=$$

$131\ kN\cdot m>M=89\ kN\cdot m$

经复核梁截面可以承受计算弯矩 $M=89\ kN\cdot m$ 的作用。

四、双筋矩形截面受弯构件正截面承载力计算

在梁的受拉区和受压区都配有纵向受力钢筋的截面，称为双筋截面，由于混凝土抗压性能好，价格比钢筋便宜，在梁中用钢筋帮助混凝土受压是不经济的。在实际工程中，只有在下列情况下才考虑采用双筋截面。

(1)截面承受的弯矩很大，$M>M_u=\alpha_1 f_c bh_0^2\xi_b(1-0.5\xi_b)$，按单筋截面计算，出现超筋情况，并且截面尺寸及混凝土强度等级由于条件限制难以提高，无法满足单筋矩形截面公式的使用条件，则可以在受压区设置受压钢筋协助混凝土受压。

(2)在实际工程中，有些构件在不同设计条件下，同一控制截面可能承受正、负两向弯矩，截面两边均应配置受力纵筋，在计算某一侧的受拉钢筋时，把另一侧的受力钢筋当成受压钢筋计算。

(3)抗震设计中，可在受压区配置钢筋，提高混凝土的极限压应变，增加构件的延性，对结构抗震有利。

1. 基本公式

双筋矩形截面受弯构件正截面抗弯承载力计算简图如图 3.17 所示。由平衡条件可得：

$$\sum x = 0 \qquad \alpha_1 f_c bx + f'_y A'_s = f_y A_s \tag{3-17}$$

$$\sum M = 0 \qquad M \leqslant M_u = \alpha_1 f_c bx \left(h_0 - \frac{x}{2}\right) + f'_y A'_s (h_0 - a'_s) \tag{3-18}$$

式中　f'_y——受压区钢筋的抗压强度设计值；

　　　A'_s——受压区钢筋的截面面积；

　　　a'_s——受压区钢筋合力点至截面受压边缘的距离。

式中其他符号意义同前。

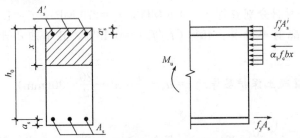

图 3.17　双筋矩形截面的正截面承载力计算简图

公式的适用条件如下：

(1)为了防止出现超筋梁情况，受压区高度 x 应满足：

$$x \leqslant \xi_b h_0 \tag{3-19}$$

(2)为了保证受压钢筋在构件破坏时达到抗压强度设计值 f'_y，受压区高度 x 应满足：

$$x \geqslant 2a'_s \tag{3-20}$$

2. 截面设计和截面复核

(1)截面设计。双筋截面设计的任务是确定受拉钢筋 A_s 和受压钢筋 A'_s 的数量。利用基本公式进行截面设计时，仍取 $M = \gamma_0 M_d = M_u$ 来计算。一般有下列两种计算情况。

情况 1：已知截面尺寸 $b \times h$，混凝土和钢筋材料强度设计值 f_c、f_y 和 f'_y，弯矩计算值 M，求受拉钢筋面积 A_s 和受压钢筋面积 A'_s。

利用两个基本公式求解 A'_s、A_s 及 x 三个未知数，故需增加一个条件才能求解。在实际计算中，为使截面的总钢筋截面面积 $(A_s + A'_s)$ 最小，并充分利用混凝土强度等级，取 $x = \xi_b h_0$ 代入式(3-18)得：

$$A'_s = \frac{M - \alpha_1 f_c bh_0^2 \xi_b (1 - 0.5\xi_b)}{f'_y (h_0 - a'_s)} \tag{3-21}$$

由式(3-17)可得：

$$A_s = \frac{\alpha_1 f_c bh_0 \xi_b + f'_y A'_s}{f_y} \tag{3-22}$$

然后根据 A'_s 和 A_s 的值选择受压钢筋和受拉钢筋直径及根数，进行截面布置。

这种情况是利用 $\xi = \xi_b$ 来确定 A_s 与 A'_s，故基本公式适用条件已满足。

情况 2：已知截面尺寸 $b×h$，混凝土和钢筋材料强度设计值 f_c、f_y 和 f_y'，弯矩计算值 M，受压区普通钢筋面积 A_s' 及布置，求受拉钢筋面积 A_s。

联立式(3-17)、式(3-18)，求解关于 A_s 和 x 的方程组：

$$x=h_0-\sqrt{h_0^2-\frac{2[M-f_y'A_s'(h_0-a_s')]}{\alpha_1 f_c b}} \tag{3-23}$$

情况 2-1：当 $x\leqslant\xi_b h_0$ 且 $x\geqslant 2a_s'$ 时，则满足基本公式的适用条件，可根据方程组求得 A_s 值。

情况 2-2：当 $x<2a_s'$ 时，说明配置的 A_s' 过多，使得破坏时受压钢筋的强度不能得到充分发挥，此时取 $x=2a_s'$，假定受压钢筋合力点与受压混凝土合力点相重合，可求得：

$$A_s=\frac{M}{f_y(h_0-a_s')} \tag{3-24}$$

情况 2-3：当 $x>\xi_b h_0$，说明配置的 A_s' 不足，应该增加受压钢筋的数量或者按照 A_s' 未知的情况进行计算。

(2)截面复核。已知截面尺寸 $b×h$，混凝土和钢筋材料强度设计值 f_c、f_y 和 f_y'，弯矩计算值 M，钢筋面积 A_s 和 A_s' 及其截面布置，求截面承载力 M_u。

由式(3-17)计算受压区高度 x；

1)若 $2a_s'\leqslant x\leqslant\xi_b h_0$，由式(3-18)可求得双筋矩形截面抗弯承载力 M_u。

2)若 $x<2a_s'$，则取 $x=2a_s'$，由式(3-24)可求得双筋矩形截面抗弯承载力 M_u。

3)若 $x>\xi_b h_0$，该梁为超筋梁，取 $x=\xi_b h_0$，代入式(3-18)可求得双筋矩形截面抗弯承载 M_u。

【例 3-3】 某建筑结构一类环境条件，安全等级为一级。其中有一钢筋混凝土矩形截面梁，截面尺寸限定为 $b×h=200\text{ mm}×400\text{ mm}$，采用混凝土强度等级为 C20，HRB335 级钢筋，弯矩组合设计值 $M_d=80\text{ kN·m}$，试进行配筋计算。

【解】 各基本取值略，弯矩计算值 $M=\gamma_0 M_d=1.1×80=88\text{ kN·m}$。

(1)验算是否需要采用双筋截面。假定受拉钢筋放置两层，设 $a_s=65\text{ mm}$，则 $h_0=h-a_s=400-65=335\text{ mm}$，则单筋矩形截面的最大正截面承载力为：

$$M_u=\alpha_1 f_c bh_0^2\xi_b(1-0.5\xi_b)=1.0×9.6×200×335^2×0.550×(1-0.5×0.550)$$
$$=85.9\text{ kN·m}<M=88\text{ kN·m}$$

故需采用双筋截面。

受压钢筋仍取 HRB335 级钢筋，受压钢筋按一层布置，假设 $a_s'=35\text{ mm}$。

(2)由式(3-21)可得：

$$A_s'=\frac{M-\alpha_1 f_c bh_0^2\xi_b(1-0.5\xi_b)}{f_y'(h_0-a_s')}=\frac{88×10^6-1.0×9.6×200×335^2×0.550×(1-0.5×0.550)}{270×(335-35)}$$
$$=25.7\text{ mm}^2$$

(3)由式(3-22)求所需的 A_s 值：

$$A_s=\frac{\alpha_1 f_c bh_0+f_y'A_s'}{f_y}=\frac{1.0×9.6×200×0.550×335+270×25.7}{270}=1\ 336\text{ mm}^2$$

选择受压区钢筋为 2Φ12($A_s'=226\text{ mm}^2$)，受拉区钢筋为 6Φ18($A_s=1\ 526\text{ mm}^2$)，布置如图 3.18 所示。受拉钢筋层净距为 30 mm，钢筋间净距：

$$s_n=\frac{200-2×30-3×18}{2}=43\text{ mm}>\max(25\text{ mm}, d)=25\text{ mm}$$

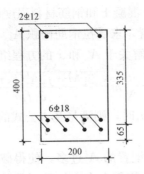

图 3.18　例 3-3 截面配筋图

【例 3-4】　已知梁截面尺寸为 200 mm×400 mm，混凝土强度等级为 C30，HRB335 级钢筋，环境类别为二 b 类，受拉钢筋为 3⌀25 钢筋，$A_s = 1\,473$ mm^2，受压钢筋为 2⌀6 钢筋，$A_s' = 402$ mm^2；要求承受的弯矩设计值 $M = 98$ kN·m。求验算此截面是否安全。

【解】　(1)已知 $f_c = 14.3$ N/mm^2，$f_y = f_y' = 300$ N/mm^2。

混凝土保护层最小厚度为 35 mm，故 $a_s = 35 + \dfrac{25}{2} = 47.5$(mm)，$h_0 = 400 - 47.5 = 352.5$(mm)。

(2)由式(3-17)得：

$$x = \frac{f_y A_s - f_y' A_s'}{\alpha_1 f_c b} = \frac{300 \times 1\,473 - 300 \times 402}{1.0 \times 14.3 \times 200} = 112.3\,(\text{mm})$$

(3)验算是否会发生脆性破坏：

112.3 mm $< \xi_b h_0 = 0.55 \times 352.5 = 194$ mm，112.3 mm $> 2a_s' = 2 \times 40 = 80$ mm

(4)由式(3-18)计算承载力：

$$M_u = \alpha_1 f_c b x \left(h_0 - \frac{x}{2}\right) + f_y' A_s'(h_0 - a_s')$$

$$= 1.0 \times 14.3 \times 200 \times 112.3 \times \left(352.5 - \frac{112.3}{2}\right) + 300 \times 402 \times (352.5 - 40)$$

$$= 132.87 \times 10^6 \text{ N·mm} > 98 \times 10^6 \text{ N·mm}，安全。$$

五、T 形截面受弯构件

因为矩形截面梁在破坏时，受拉区混凝土已开裂退出工作，可认为拉力全部由受拉钢筋承担，因此可将受拉区混凝土挖去一部分，将受拉钢筋集中布置在剩余受拉区混凝土内，从而形成了钢筋混凝土 T 形梁的截面，其承载能力与原矩形截面梁相同，但节省了混凝土和减轻了梁自重，可以增加其跨度。

典型的钢筋混凝土 T 形梁截面如图 3.19 所示。截面由腹板($b \times h$)和挑出翼缘$[(b_f' - b) \times h_f']$两部分组成。

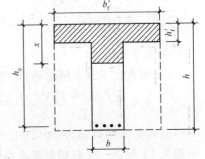

图 3.19　T 形截面的受压区位置

1. 基本计算公式及适用条件

T 形截面按受压区高度的不同可分为两类：受压区高度在翼板厚度内，即 $x \leqslant h_f'$ 为第一类 T 形截面[图 3.20(a)]；

受压区已进入梁肋，即 $x > h_f'$ 为第二类 T 形截面[图 3.20(b)]。

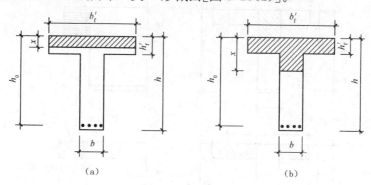

图 3.20　两类 T 形截面

(a)第一类 T 形截面($x \leqslant h_f'$)；(b)第二类 T 形截面($x > h_f'$)

下面介绍这两类单筋 T 形截面梁正截面抗弯承载力计算的基本公式。

(1)第一类 T 形截面。第一类 T 形截面，中和轴在受压翼板内，受压区高度 $x \leqslant h_f'$。此时，截面虽为 T 形，但受压区形状为宽度 b_f' 的矩形，而受拉区截面形状与截面抗弯承载力无关，故以 b_f' 为宽度的矩形截面进行抗弯承载力计算。计算时只需将单筋矩形截面公式中梁宽 b 以翼板有效宽度 b_f' 置换即可。

由截面平衡条件(图 3.21)可得到基本计算公式为：

$$\alpha_1 f_c b_f' x = f_y A_s \tag{3-25}$$

$$M \leqslant M_u = \alpha_1 f_c b_f' x \left(h_0 - \frac{x}{2} \right) \tag{3-26}$$

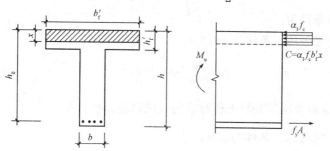

图 3.21　第一类 T 形截面抗弯承载力计算简图

基本公式适用条件为：

1)当 $x \leqslant \xi_b h_0$ 时，第一类 T 形截面的 $x = \xi h_0 \leqslant h_f'$，即 $\xi \leqslant \dfrac{h_f'}{h_0}$。由于一般 T 形截面的 $\dfrac{h_f'}{h_0}$ 较小，因而 ξ 值一般均能满足这个条件，故不必验算。

2)当 $\rho > \rho_{min}$ 时，最小配筋率 ρ_{min} 是由截面的开裂弯矩 M_{cr} 决定的，而 M_{cr} 主要取决于受拉区混凝土的面积，所以近似地取 $\rho = \dfrac{A_s}{b h_0}$。

(2)第二类 T 形截面。第二类 T 形截面，中和轴在梁肋部，受压区高度 $x > h_f'$，受压区为 T 形(图 3.22)。

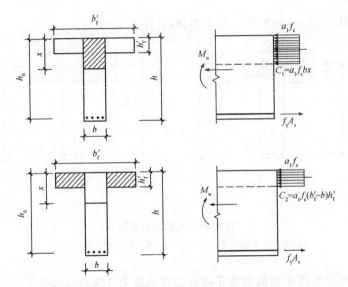

图 3.22　第二类 T 形截面抗弯承载力计算简图

为了便于计算，将受压区混凝土压应力的合力分为两部分：腹板部分($b\times x$)，合力为$\alpha_1 f_c bx$；挑出翼缘部分$[(b'_f-b)\times h'_f]$，合力为$\alpha_1 f_c h'_f(b'_f-b)$。由图 3.22 的截面平衡条件可得到第二类 T 形截面的基本计算公式为：

$$\sum x = 0 \qquad \alpha_1 f_c bx + \alpha_1 f_c h'_f(b'_f-b) = f_y A_s \tag{3-27}$$

$$\sum M = 0 \qquad M \leqslant M_u = \alpha_1 f_c bx\left(h_0-\frac{x}{2}\right) + \alpha_1 f_c(b'_f-b)h'_f\left(h_0-\frac{h'_f}{2}\right) \tag{3-28}$$

基本公式适用条件为：

1)防止发生超筋破坏，条件为$x \leqslant \xi_b h_0$。

或

$$\rho = \frac{A_{s1}}{bh_0} \leqslant \rho_{max} = \xi_b \frac{\alpha_1 f_c}{f_y} \tag{3-29}$$

式中　A_{s1}——与腹板受压区混凝土相对应的收拉钢筋面积，$A_{s1} = \dfrac{\alpha_1 f_c bx}{f_y}$ \hfill (3-30)

2)防止发生少筋破坏，条件为$\rho \geqslant \rho_{min}$。

第二类 T 形截面的配筋率较高，一般情况下均能满足$\rho \geqslant \rho_{min}$的要求，故可不必进行验算。

2. 截面设计与截面复核

(1)截面设计。已知截面尺寸b、h、b'_f、h'_f，混凝土和钢筋材料强度设计值f_c、f_y和f'_y，弯矩计算值M，求钢筋面积A_s及其截面布置。

1)判定 T 形截面类型。由基本公式可知，$x = h'_f$为两类 T 形截面的界限情况，若满足，属于第一类 T 形截面，否则属于第二类 T 形截面。

$$M \leqslant \alpha_1 f_c b'_f h'_f\left(h_0-\frac{h'_f}{2}\right) \tag{3-31}$$

2)若$M \leqslant \alpha_1 f_c b'_f h'_f\left(h_0-\frac{h'_f}{2}\right)$，属于第一类 T 形截面。由式(3-28)求得受压区高度x，再由式(3-27)求所需的受拉钢筋面积A_s，也可按截面尺寸为$b'_f \times h$的单筋矩形截面进行计算。

3)若 $M > \alpha_1 f_c b_f' h_f' \left(h_0 - \dfrac{h_f'}{2}\right)$，为第二类 T 形截面。由式（3-28）求得受压区高度 x，并满足 $h_f' < x \leqslant \xi_b h_0$。将 x 值代入式（3-27）求得所需受拉钢筋面积 A_s。

（2）截面复核。已知截面尺寸 b、h、b_f'、h_f'，混凝土和钢筋材料强度设计值 f_c、f_y 和 f_y'，弯矩计算值 M，钢筋面积 A_s 及其截面布置，求截面承载力 M_u。

1）判定 T 形截面的类型。

若

$$\alpha_1 f_c b_f' h_f' \geqslant f_y A_s \tag{3-32}$$

属于第一类 T 形截面，否则属于第二类 T 形截面。

2）若 $\alpha_1 f_c b_f' h_f' \geqslant f_y A_s$，为第一类 T 形截面，按截面尺寸为 $b_f' \times h$ 的单筋矩形截面计算 M_u。

3）若 $\alpha_1 f_c b_f' h_f' < f_y A_s$，为第二类 T 形截面，由式（3-27）求出 x。

若 $h_f' < x \leqslant \xi_b h_0$，将 x 代入式（3-28）求出 M_u。

若 $x > \xi_b h_0$，则取 $x = \xi_b h_0$，将 x 代入式（3-28）求出 M_u。

4）最后把 M_u 与梁实际承受的 M 相比较，若 $M_u \geqslant M$，则截面安全；若 $M_u < M$，则截面不安全。

【例3-5】 已知 T 形截面梁截面尺寸如图 3.23 所示，混凝土强度等级为 C30，纵向钢筋采用 HRB400 级钢筋，环境类别为一类。若承受的弯矩设计值为 $M = 700$ kN·m，计算所需的受拉钢筋截面面积 A_s（预计两排钢筋，$a_s = 60$ mm）。

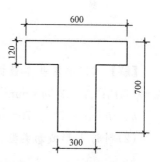

图 3.23 T 形截面梁尺寸

【解】 （1）确定基本数据。由前述相关内容可知：$f_c = 14.3$ N/mm^2；$f_y = 360$ N/mm^2；$\alpha_1 = 1.0$；$\xi_b = 0.518$。

（2）由式（3-31）判别 T 形截面类型。

$$\alpha_1 f_c b_f' h_f' \left(h_0 - \frac{h_f'}{2}\right) = 1.0 \times 14.3 \times 600 \times 120 \times \left(640 - \frac{120}{2}\right)$$

$$= 597.17 \times 10^6 \text{ N·mm} = 597.17 \text{ kN·m} < M = 700 \text{ kN·m}$$

故属于第二类 T 形截面。

（3）计算受拉钢筋面积 A_s。由式（3-28）得：

$$\alpha_s = \frac{M - \alpha_1 f_c (b_f' - b) h_f' \left(h_0 - \dfrac{h_f'}{2}\right)}{\alpha_1 f_c b h_0^2}$$

$$= \frac{700 \times 10^6 - 1.0 \times 14.3 \times (600 - 300) \times 120 \times \left(640 - \dfrac{120}{2}\right)}{1.0 \times 14.3 \times 300 \times 640^2}$$

$$= 0.228$$

$$\xi = 1 - \sqrt{1 - 2\alpha_s} = 1 - \sqrt{1 - 2 \times 0.228} = 0.262 < \xi_b = 0.518$$

由式（3-27）可得：

$$A_s = \frac{\alpha_1 f_c b \xi h_0 + \alpha_1 f_c (b_f' - b) h_f'}{f_y}$$

$$= \frac{1.0 \times 14.3 \times 300 \times 0.262 \times 640 + 1.0 \times 14.3 \times (600 - 300) \times 120}{360}$$

$$= 3\ 428 (\text{mm}^2)$$

选用 4Φ28+2Φ25(A_s=2 463+982=3 445 mm²)。

【例 3-6】 某钢筋混凝土 T 形截面梁，截面尺寸和配筋情况(架立筋和箍筋的配置情况略)如图 3.24 所示。已知混凝土强度等级为 C30，f_c=14.3 N/mm²，纵向钢筋为 HRB400 级钢筋，f_y=360 N/mm²，a_s=70 mm。若截面承受的弯矩设计值为 M=550 kN·m，试验算此截面承载力是否足够。

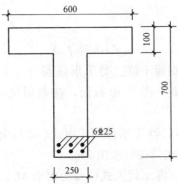

图 3.24 T 形截面梁尺寸和配筋

【解】 (1)确定基本数据。由表查得，f_c=14.3 N/mm²；f_y=360 N/mm₂；α_1=1.0；ξ_b=0.518；A_s=2 945 mm²。

$$h_0=h-a_s=700-70=630(\text{mm})。$$

(2)判别 T 形截面类型。

$$\alpha_1 f_c b_f' h_f'=1.0\times14.3\times600\times100=858(\text{kN})$$

$$f_y A_s=360\times2 945=1 060.2 \text{ kN}>858 \text{ kN}$$

故属于第二类 T 形截面。

(3)计算受弯承载力 M_u。

$$x=\frac{f_y A_s-\alpha_1 f_c(b_f'-b)h_f'}{\alpha_1 f_c b}$$

$$=\frac{360\times2 945-1.0\times14.3\times(600-250)\times100}{1.0\times14.3\times250}$$

$$=156.6(\text{mm})$$

$x<\xi_b h_0=0.518\times630=326.3 \text{ mm}$，满足要求。

$$M_u=\alpha_1 f_c bx(h_0-\frac{x}{2})+\alpha_1 f_c(b_f'-b)h_f'(h_0-\frac{h_f'}{2})$$

$$=1.0\times14.3\times250\times156.6\times(630-\frac{156.6}{2})+1.0\times14.3\times(600-250)\times$$

$$100\times\left(630-\frac{100}{2}\right)$$

$$=599\times10^6 \text{ N·mm}=599 \text{ kN·m}$$

$$M_u>M=550 \text{ kN·m}$$

故该截面的承载力满足要求。

第三节　受弯构件斜截面承载力计算

一、概述

受弯构件除承受弯矩 M 外，还同时承受剪力 V，试验研究和工程实践都表明，构件中常常产生斜裂缝，并可能沿斜截面产生斜裂缝而发生破坏。并且斜截面破坏往往带有脆性破坏的性质，缺乏明显的预兆，因此，在设计时必须进行斜截面承载力计算。

在集中荷载作用下，斜裂缝出现过程有两种典型情况。在弯矩和剪力的共同作用下，梁底首先因弯矩而出现垂直裂缝并逐渐向上发展，并随着主拉应力方向的改变而发生倾斜，向集中荷载作用点延伸，裂缝下宽上细，称为弯剪裂缝；当剪力较大时，首先在梁中轴附近出现大致与中和轴成45°倾角的斜裂缝并分别向支座和集中荷载作用延伸，裂缝中间宽两头细，呈枣核形，称为腹剪裂缝。

为了防止受弯构件发生斜截面破坏，应使构件有一个合理的截面尺寸，并配置与梁轴线垂直的箍筋和弯起钢筋，以承受梁内 M 和 V 共同产生的主拉应力，箍筋和弯起钢筋又统称为腹筋。

二、受弯构件斜截面的破坏形态

影响受弯构件斜截面破坏形态的两个主要参数：

(1)剪跨比 λ。剪跨比 λ 是一个无量纲的计算参数，反映了截面承受的弯矩和剪力的相对大小，集中荷载作用下受弯构件的剪跨比可按下式确定：

$$\lambda = \frac{M}{Vh_0} = \frac{a}{h_0} \tag{3-33}$$

式中　λ——剪跨比；

　M，V——梁计算截面所承受的弯矩和剪力；

　　a——集中荷载作用点至支座的距离，称为剪跨；

　　h_0——截面的有效高度。

截面的正应力 σ 大致与弯矩 M 成正比，剪应力 τ 大致与剪力 V 成正比，所以剪跨比 λ 实质上反映了截面上正应力和剪应力的相对关系，决定了该截面上任一点主应力的大小和方向，影响着梁的破坏形态和受剪承载力。

(2)配箍率 ρ_{sv}。当箍筋配置量适当时，梁的受剪承载力随配置箍筋量的增大和箍筋强度的提高而有较大幅度的提高。配箍量一般用配箍率 ρ_{sv} 表示，即：

$$\rho_{sv} = \frac{nA_{sv1}}{bs} \tag{3-34}$$

式中　ρ_{sv}——配箍率；

　　n——同一截面内箍筋的肢数；

　A_{sv1}——单肢箍筋的截面面积；

　　b——截面宽度；

　　s——箍筋间距。

受弯构件斜截面破坏的三种主要形态：

(1)斜压破坏。当截面上剪力大而弯矩小，即剪跨比较小($\lambda<1$)，或者腹筋配置过多，即配箍率ρ_{sv}较大时，梁腹部将首先出现若干大致相互平行的腹剪裂缝，向支座和集中荷载作用处发展，这些斜裂缝将梁腹分割成若干倾斜的受压棱柱体，随着荷载增加，棱柱体最后斜向受压破坏。这种破坏称为斜压破坏[图3.25(a)]。发生斜压破坏时，箍筋应力达不到相应的屈服强度，其承载力主要取决于混凝土强度及截面尺寸，类似于受弯构件正截面破坏中的超筋破坏，设计中应避免。

(2)剪压破坏。当截面上剪跨比适中($1\leqslant\lambda\leqslant3$)且配箍率$\rho_{sv}$适当时，梁承受荷载后，先在剪跨区域出现一批短的弯剪裂缝，随着荷载的增加，出现一条延伸较长、相对开展较宽的主要斜裂缝，称为临界斜裂缝。临界斜裂缝不断向加载点延伸，使混凝土受压区高度不断减小，破坏时，与临界斜裂缝相交的腹筋首先达到屈服强度，最后剪压区的混凝土在剪应力和压应力的共同作用下达到极限强度而破坏。这种破坏称为剪压破坏[图3.25(b)]。发生剪压破坏时，腹筋与混凝土的强度均得到充分的发挥，类似于受弯构件正截面破坏中的适筋破坏。

(3)斜拉破坏。当截面上剪跨比较大($\lambda>3$)，或者腹筋配置过少，即配箍率ρ_{sv}较小时，斜裂缝一出现便很快发展，形成临界斜裂缝，并迅速向加载点延伸，使混凝土截面裂通，梁被斜向拉断成为两部分而破坏。破坏时，沿纵向钢筋往往产生水平撕裂裂缝，这种破坏称为斜拉破坏[图3.25(c)]。斜拉破坏类似于受弯构件正截面破坏中的少筋破坏，属于脆性破坏。为了防止斜拉破坏，要求配置的腹筋不能太少，间距不宜太大。

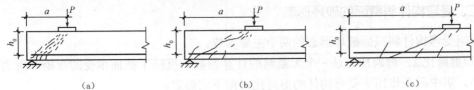

图3.25 受弯构件斜截面破坏的三种形态

(a)斜压破坏；(b)剪压破坏；(c)斜拉破坏

三、受弯构件斜截面承载力计算

1. 建立计算公式的原则

对于钢筋混凝土受弯构件斜截面脆性破坏形态，可以通过一定的构造措施来避免。例如通过控制最小配筋率，以及限制腹筋的间距来防止斜拉破坏；通过控制最大配箍率，限制截面尺寸不能太小来防止斜压破坏。

(1)可不进行斜截面受剪承载力计算的条件：

$$V\leqslant\alpha_{cv}f_{t}bh_{0}+0.05N_{p0} \tag{3-35}$$

式中　V——构件斜截面上最大剪力设计值；

α_{cv}——截面混凝土受剪承载力系数，对于一般受弯构件取0.7；对集中荷载作用下（包括作用有多种荷载，其中集中荷载对支座截面或节点边缘所产生的剪力值占总剪力的75%以上的情况）的独立梁，取 $\alpha_{cv}=\dfrac{1.75}{\lambda+1}$，$\lambda$为计算截面的剪跨比，可取$\lambda=\dfrac{a}{h_{0}}$，当$\lambda<1.5$时，取1.5，当$\lambda>3$时，取3；$a$为集中荷载作用点至支座截面或节点边缘的距离；

N_{p0}——计算截面上混凝土法向预应力等于零时的预加力，$N_{p0}=\sigma_{p0}A_p+\sigma'_{P0}A'_{p0}-\sigma_{l5}A_s$
$-\sigma'_{l5}A'_s$，当 $N_{p0}>0.3f_cA_0$ 时，取 $N_{p0}=0.3f_cA_0$。

满足上述条件时，只需按照构造要求配置箍筋。

（2）仅配置箍筋时，矩形、T形和I形截面受弯构件的斜截面受剪承载力计算：

$$V\leqslant V_{cs}+V_p=V_c+V_{sv}+V_p \tag{3-36}$$

$$V_c=\alpha_{cv}f_tbh_0 \tag{3-37}$$

$$V_{sv}=f_{yv}\frac{A_{sv}}{s}h_0 \tag{3-38}$$

$$V_p=0.05N_{p0} \tag{3-39}$$

式中　V_{cs}——构件斜截面上混凝土和箍筋的受剪承载力设计值，$V_{cs}=V_c+V_{sv}$；

V_c——混凝土的受剪承载力设计值；

V_{sv}——箍筋的受剪承载力设计值；

V_p——由预加力所提高的构件受剪承载力设计值；

A_{sv}——配置在同一截面内箍筋各肢的全部截面面积，即 nA_{sv1}，此处，n 为在同一个
截面内箍筋的肢数，A_{sv1} 为单肢箍筋的截面面积；

s——沿构件长度方向的箍筋间距；

f_{yv}——箍筋抗拉强度设计值。

（3）同时计算配置箍筋和弯起钢筋时，矩形、T形和I形截面受弯构件的斜截面受剪承
载力计算：

$$V\leqslant V_{cs}+V_p+0.8f_yA_{sb}\sin\alpha_s+0.8f_{py}A_{pb}\sin\alpha_p \tag{3-40}$$

式中　V——配置弯起钢筋处的剪力设计值；

V_p——由预加力所提高的构件受剪承载力设计值，按式（3-39）计算，但计算预加力
N_{p0} 时不考虑弯起预应力筋的作用；

A_{sb}，A_{pb}——分别为同一平面内的弯起普通钢筋、弯起预应力筋的截面面积；

α_s，α_p——分别为斜截面上弯起普通钢筋、弯起预应力筋的切线与构件纵轴线的夹角。

（4）计算弯起钢筋时，截面剪力设计值可按下列规定取用：

1）计算第一排（对支座而言）弯起钢筋时，取支座边缘处的剪力值。

2）计算以后的每一排弯起钢筋时，取前一排（对支座而言）弯起钢筋弯起点处的剪力值。

（5）计算公式的适用范围——上、下限值。

1）上限值——最小截面尺寸和最大配箍率。

受弯构件斜截面上的剪力由混凝土、箍筋和弯起钢筋共同承担。但是，当梁的截面尺
寸确定后，若截面尺寸过小或者配箍率过大，会导致腹筋的应力达不到屈服强度而发生斜
压破坏。为了防止这种情况发生，矩形、T形和I形截面的一般受弯构件，其受剪截面应
符合下列条件：

当 $\dfrac{h_w}{b}\leqslant 4$ 时：　　　　　　　　　$V\leqslant 0.25\beta_cf_cbh_0 \tag{3-41}$

当 $\dfrac{h_w}{b}\geqslant 6$ 时：　　　　　　　　　$V\leqslant 0.2\beta_cf_cbh_0 \tag{3-42}$

当 $4<\dfrac{h_w}{b}<6$ 时，按线性内插法取用。

式中　β_c——混凝土强度影响系数，当混凝土强度等级不超过C50时，取 $\beta_c=1.0$；当混凝

土强度等级为 C80 时，取 $\beta_c=0.8$；其间按线性内插法取用；

  b——矩形截面的宽度，T 形截面或 I 形截面的腹板宽度；

  h_w——截面的腹板高度，矩形截面取有效高度 h_0，T 形截面取有效高度减去翼缘高度，I 形截面取腹板净高。

注：①对 T 形或 I 形截面的简支受弯构件，当有实践经验时，公式(3-41)中的系数可改用 0.3。
  ②对受拉边倾斜的构件，当有实践经验时，其受剪截面的控制条件可适当放宽。

  以上各式表示了梁在不同情况下斜截面受剪承载力的上限值，相当于限制了梁的最小截面尺寸，在只配有箍筋的情况下也限制了最大配筋率。如果上述条件不能满足，则应加大梁截面尺寸或提高混凝土的强度等级。

  2)下限值——最小配箍率和箍筋的构造规定。

  钢筋混凝土梁出现斜裂缝后，斜裂缝处原来混凝土承受的拉力全部转由箍筋承担，使箍筋的拉应力突然增大。如果配置的箍筋较少，或者箍筋的间距过大，则一旦出现斜裂缝，箍筋的拉应力会立即达到屈服强度，导致截面发生斜拉破坏。因此，《混凝土结构设计规范》(GB 50010—2010)规定的最小配箍率为：

$$\rho_{sv}=\frac{nA_{sv1}}{bs}\geqslant\rho_{sv,min}=0.24\frac{f_t}{f_{yv}} \tag{3-43}$$

【例 3-7】 如图 3.26 所示为简支梁，已知均布荷载设计值 $q=50$ kN/m（包括自重，且已进行荷载组合），混凝土强度等级为 C30，环境类别为一类，箍筋采用 HPB300，纵筋采用 HRB335。试求：(1)不设弯起钢筋时的受剪箍筋；(2)若利用现有纵筋为弯起钢筋，求所需箍筋；(3)当箍筋为 Φ8@200 时，弯起钢筋应为多少？

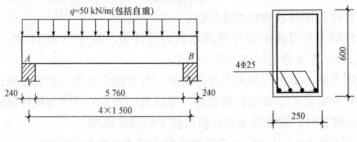

图 3.26 简支梁

【解】 根据建筑力学相关知识已知，该简支梁最大剪力位于支座边缘处，大小为 144 kN。

(1)验算截面尺寸。

$h_w=h_0=600-35=565(mm)$

$\dfrac{h_w}{b}=\dfrac{565}{250}=2.26<4$，混凝土强度等级为 C30，$\beta_c=1.0$

$0.25\beta_c f_c bh_0=0.25\times1.0\times14.3\times250\times565=504\,968.75$ N$>V=144\times10^3$ N

截面符合要求。

(2)验算是否按照计算配置箍筋。

$0.7f_t bh_0=0.7\times1.43\times250\times565=141\,391.25$ N$<V=144\times10^3$ N

需按照计算配置箍筋。

(3)不设弯起钢筋时配箍计算。

$V=0.7f_t bh_0+f_{yv}\dfrac{nA_{sv1}}{s}h_0$

$$\frac{nA_{sv1}}{s} = \frac{V - 0.7f_tbh_0}{f_{yv}h_0} = \frac{144 \times 10^3 - 0.7 \times 1.43 \times 250 \times 565}{270 \times 565} = 0.017(\text{mm}^2/\text{mm})$$

选取箍筋 $\Phi 8@200$，双肢箍。

实际 $\dfrac{nA_{sv1}}{s} = \dfrac{2 \times 50.3}{200} = 0.503(\text{mm}^2/\text{mm})$

验算：$\rho_{sv} = \dfrac{nA_{sv1}}{bs} = 0.201\ 2\% > \rho_{sv,min} = 0.24\dfrac{f_t}{f_{yv}} = 0.127\%$，配筋率满足要求。

(4)利用 1Φ25 以 45°弯起，则弯起钢筋承担的剪力：

$$V_{sb} = 0.8f_yA_{sb}\sin\alpha_s = 0.8 \times 300 \times 490.9 \times \frac{\sqrt{2}}{2} = 83.31(\text{kN})$$

混凝土和箍筋承担的剪力：

$$V_{cs} = V - V_{sb} = 144 - 83.31 = 60.69\ \text{kN} < 0.7f_tbh_0$$

故只需按构造配置箍筋，选取 Φ6@200，双肢箍。

(5)由以上计算可知，箍筋选取 Φ8@200 时，不需要设弯起钢筋。

第四节　受弯构件裂缝及变形验算简介

一、概述

钢筋混凝土结构设计应进行正截面和斜截面承载能力极限状态计算，保证结构的安全性。另外，还应根据结构构件的工作条件和使用要求，进行正常使用极限状态验算，以保证结构构件的适用性和耐久性。

正常使用极限状态验算包括裂缝宽度验算及变形验算。与承载能力极限状态相比，超过正常使用极限状态所造成的危害性和严重性往往要小，因而对其可靠性的保证率可适当放宽。因此，在进行正常使用极限状态的计算中，荷载和材料强度都用标准值而不是设计值。

《混凝土结构设计规范》(GB 50010—2010)根据环境类别将钢筋混凝土和预应力混凝土结构的裂缝控制等级划分为三级：

一级——严格要求不出现裂缝的构件，按荷载效应标准组合计算时，构件受拉边缘混凝土不应产生拉应力，即：

$$\sigma_{ck} - \sigma_{pc} \leqslant 0 \tag{3-44}$$

二级——一般要求不出现裂缝的构件，按荷载效应标准组合计算时，构件受拉边缘混凝土拉应力不应大于混凝土抗拉强度标准值，即：

$$\sigma_{ck} - \sigma_{pc} \leqslant f_{tk} \tag{3-45}$$

三级——允许出现裂缝的构件：对钢筋混凝土构件的最大裂缝宽度可按荷载准永久组合并考虑长期作用影响的效应计算，对预应力混凝土构件的最大裂缝宽度可按荷载标准组合并考虑长期作用影响的效应计算。最大裂缝宽度应符合下列规定：

$$w_{max} \leqslant w_{lim} \tag{3-46}$$

对环境类别为二 a 类的预应力混凝土构件，在荷载准永久组合下，受拉边缘应力尚应符合下列规定：

$$\sigma_{cq} - \sigma_{pc} \leqslant f_{tk} \tag{3-47}$$

式中 σ_{ck}，σ_{cq}——荷载标准组合、准永久组合下构件抗裂验算边缘的混凝土法向应力；

      σ_{pc}——扣除全部预应力损失后在抗裂验算边缘的混凝土的预压应力；

      f_{tk}——混凝土轴心抗拉强度标准值；

      w_{max}——按荷载的标准组合或准永久组合并考虑长期作用影响计算的最大裂缝宽度；

      w_{lim}——最大裂缝宽度限值，按表 3.6 采用。其是根据结构构件所处的环境类别确定的。

表 3.6　结构构件的裂缝控制等级及最大裂缝宽度限值　　　　　mm

环境类别	钢筋混凝土结构		预应力混凝土结构	
	裂缝控制等级	w_{lim}	裂缝控制等级	w_{lim}
一		0.30(0.40)	三级	0.020
二 a	三级			0.10
二 b		0.20	二级	—
三 a、三 b			一级	—

注：1. 对处于年平均相对湿度小于 60％ 的地区一类环境下的受弯构件，其最大裂缝宽度限值可采用括号内的数值。

2. 在一类环境下，对钢筋混凝土屋架、托架及需作疲劳验算的吊车梁，其最大裂缝宽度限值应取为 0.20 mm；对钢筋混凝土屋面梁和托梁，其最大裂缝宽度限值应取为 0.30 mm。

3. 在一类环境下，对预应力混凝土屋架、托架及双向板体系，应按二级裂缝控制等级进行验算；对一类环境下的预应力混凝土屋面梁、托梁、单向板，应按表中二 a 级环境的要求进行验算；在一类和二 a 类环境下需作疲劳验算的预应力混凝土吊车梁，应按裂缝控制等级不低于二级的构件进行验算。

4. 表中规定的预应力混凝土构件的裂缝控制等级和最大裂缝宽度限值仅适用于正截面的验算；预应力混凝土构件的斜截面裂缝控制验算应符合有关规定。

5. 对于烟囱、筒仓和处于液体压力下的结构，其裂缝控制要求应符合专门标准的有关规定。

6. 对于处于四、五类环境下的结构构件，其裂缝控制要求应符合专门标准的有关规定。

7. 表中的最大裂缝宽度限值为用于验算荷载作用引起的最大裂缝宽度。

二、裂缝宽度验算

钢筋混凝土受弯构件的裂缝有两种：一种是由于混凝土的收缩或温度变形引起；另一种是由荷载引起。对于前一种裂缝，主要是采取控制混凝土浇筑质量，改善水泥性能，选择合理的级配成分，设置伸缩缝等措施解决，不需要进行裂缝的宽度验算；对于后一种裂缝，由于混凝土的抗拉强度很低，当荷载还比较小时，构件受拉区就会开裂，因此大多数钢筋混凝土构件都是带裂缝工作的。但如果裂缝过大，会使钢筋暴露在空气中氧化锈蚀，从而降低结构的耐久性，并且裂缝的出现和扩展还降低了构件的刚度，从而使变形增大，甚至影响正常使用。

影响裂缝宽度的主要因素如下：

(1)纵向钢筋的拉应力。裂缝宽度与钢筋应力大致呈线性关系。

(2)纵向钢筋的直径。在构件内纵向受拉钢筋的面积相同的情况下，采用细而密的钢筋可以增加钢筋与混凝土的接触面积，使粘结力增大，裂缝宽度变小。

(3)纵向钢筋的表面形状。变形钢筋由于与混凝土面有较大的粘结力，所以裂缝宽度较光面钢筋的小。

(4)纵向钢筋的配筋率。配筋率越大，裂缝宽度越小。

(5)保护层厚度。保护层厚度越大，钢筋与混凝土边缘的距离越大，对边缘混凝土的约束力越小，混凝土的裂缝宽度越大。

当裂缝宽度较大，构件不能满足最小裂缝宽度限值时，可考虑以下措施减小裂缝宽度：

(1)增大配筋量。

(2)在钢筋截面面积相同的情况下，采用较小直径的钢筋。

(3)采用变形钢筋。

(4)提高混凝土强度等级。

(5)增大构件截面尺寸。

(6)减小混凝土保护层厚度。

其中，采用较小直径的钢筋是减小裂缝宽度的最简单而经济的措施。

在矩形、T形、倒T形和I形截面的钢筋混凝土受拉、受弯和偏心受压构件及预应力混凝土轴心受拉和受弯构件中，按荷载标准组合或准永久组合并考虑长期作用影响的最大裂缝宽度可按下列公式计算：

$$w_{max} = \alpha_{cr} \psi \frac{\sigma_s}{E_s} \left[1.9 c_s + 0.08 \frac{d_{eq}}{\rho_{te}} \right] \tag{3-48}$$

$$\psi = 1.1 - 0.65 \times \frac{f_{tk}}{\rho_{te} \sigma_s} \tag{3-49}$$

$$d_{eq} = \frac{\sum n_i d_i^2}{\sum n_i \nu_i d_i} \tag{3-50}$$

$$\rho_{te} = \frac{A_s + A_p}{A_{te}} \tag{3-51}$$

式中　α_{cr}——构件受力特征系数，按表3.7采用；

ψ——裂缝间纵向受拉钢筋应变不均匀系数：当 $\psi < 0.2$ 时，取 $\psi = 0.2$；当 $\psi > 1.0$ 时，取 $\psi = 1.0$；对直接承受重复荷载的构件，取 $\psi = 1.0$；

σ_s——按荷载准永久组合计算的钢筋混凝土构件纵向受拉普通钢筋应力或按标准组合计算的预应力混凝土构件纵向受拉钢筋等效应力；

E_s——钢筋弹性模量；

c_s——最外层纵向受拉钢筋外边缘至受拉区底边的距离(mm)：当 $c_s < 20$ 时，取 $c_s = 20$；当 $c_s > 65$ 时，取 $c_s = 65$；

ρ_{te}——按有效受拉混凝土截面面积计算的纵向受拉钢筋配筋率；对无粘结后张构件，仅取纵向受拉普通钢筋计算配筋率；在最大裂缝宽度计算中，当 $\rho_{te} < 0.01$ 时，取 $\rho_{te} = 0.01$；

A_{te}——有效受拉混凝土截面面积：对轴心受拉构件，取构件截面面积；对受弯、偏心受压和偏心受拉构件，取 $A_{te} = 0.5 bh + (b_f - b) h_f$，此处，$b_f$、$h_f$ 为受拉翼缘的宽度、高度；

A_s——受拉区纵向普通钢筋截面面积；

A_p——受拉区纵向预应力筋截面面积；

d_{eq}——受拉区纵向钢筋的等效直径(mm)；对无粘结后张构件，仅为受拉区纵向受拉普通钢筋的等效直径(mm)；

d_i——受拉区第 i 种纵向钢筋的公称直径(mm)；对于有粘结预应力钢绞线束的直径取为 $\sqrt{n_1}\,d_{p1}$，其中 d_{p1} 为单根钢绞线的公称直径，n_1 为单束钢绞线根数；

n_i——受拉区第 i 种纵向钢筋的根数；对于有粘结预应力钢绞线，取为钢绞线束数；

ν_i——受拉区第 i 种纵向钢筋的相对粘结特性系数，按表 3.8 采用。

注：1. 对承受吊车荷载但不需作疲劳验算的受弯构件，可将计算求得的最大裂缝宽度乘以系数 0.85。

2. 对 $e_0/h_0 \leqslant 0.55$ 的偏心受压构件，可不验算裂缝宽度。

表 3.7　构件受力特征系数

类型	α_{cr}	
	钢筋混凝土构件	预应力混凝土构件
受弯、偏心受压	1.9	1.5
偏心受拉	2.4	—
轴心受拉	2.7	2.2

表 3.8　钢筋的相对粘结特性系数

钢筋类别	钢筋		先张法预应力钢筋			后张法预应力钢筋		
	光圆钢筋	带肋钢筋	带肋钢筋	螺旋肋钢丝	钢绞线	带肋钢筋	钢绞线	光面钢丝
ν_i	0.7	0	1.0	0.8	0.6	0.8	0.5	0.4

注：对环氧树脂涂层带肋钢筋，其相对粘结特性系数应按表中系数的 80% 取用。

在荷载效应的标准组合下，钢筋混凝土构件受拉区纵向普通钢筋的应力可按下列公式计算：

(1)轴心受拉构件：

$$\sigma_{sq} = \frac{N_q}{A_s} \tag{3-52}$$

(2)偏心受拉构件：

$$\sigma_{sq} = \frac{N_q e'}{A_s(h_0 - a_s')} \tag{3-53}$$

(3)受弯构件：

$$\sigma_{sq} = \frac{M_q}{0.87 h_0 A_s} \tag{3-54}$$

(4)偏心受压构件：

$$\sigma_{sq} = \frac{N_q(e-z)}{A_s z} \tag{3-55}$$

$$z = \left[0.87 - 0.12(1 - \gamma_f')\left(\frac{h_0}{e}\right)^2\right]h_0 \tag{3-56}$$

$$e = \eta_s e_0 + y_s \tag{3-57}$$

$$\gamma_f' = \frac{(b_f' - b)h_f'}{b h_0} \tag{3-58}$$

$$\eta_s = 1 + \frac{1}{4\,000 e_0/h_0} \left(\frac{l_0}{h}\right)^2 \tag{3-59}$$

式中 A_s——受拉区纵向普通钢筋截面面积；对轴心受拉构件，取全部纵向普通钢筋截面面积；对偏心受拉构件，取受拉较大边的纵向普通钢筋截面面积；对受弯、偏心受压构件，取受拉区纵向普通钢筋截面面积；

     N_q，M_q——按荷载准永久组合计算的轴向力值、弯矩值；

     e'——轴向拉力作用点至受压区或受拉较小边纵向普通钢筋合力点的距离；

     e——轴向压力作用点至纵向受拉普通钢筋合力点的距离；

     e_0——荷载准永久组合下的初始偏心距，取为 $\dfrac{M_q}{N_q}$；

     z——纵向受拉普通钢筋合力点至截面受压区合力点的距离，且不大于 $0.87h_0$；

     η_s——使用阶段的轴向压力偏心距增大系数，当 $\dfrac{l_0}{h}$ 不大于 14 时，取 1.0；

     y_s——截面重心至纵向受拉普通钢筋合力点的距离；

     γ'_f——受压翼缘截面面积与腹板有效截面面积的比值；

     b'_f，h'_f——受压区翼缘的宽度、高度；在式(3-58)中，当 $h'_f > 0.2h_0$ 时，取 $0.2h_0$。

【**例 3-8**】 某钢筋混凝土屋架下弦杆，混凝土强度等级为 C30，截面尺寸为 $b \times h = 200\,\text{mm} \times 150\,\text{mm}$，钢筋为 6⌀20，箍筋为 HPB300，直径为 8 mm。荷载准永久组合计算的轴拉力为 200 kN，环境类别为一类。试确定最大裂缝宽度。

【**解**】（1）基本系数。

$f_{tk} = 2.01\,\text{N/mm}^2$，$E_s = 2.0 \times 10^5\,\text{N/mm}^2$，箍筋的混凝土保护层厚度为 20 mm，则纵筋的混凝土保护层厚度为 28 mm。

（2）裂缝宽度计算。

由式(3-52)有：

$$\sigma_{sq} = \frac{N_q}{A_s} = \frac{200 \times 10^3}{1\,884} = 106.16\,(\text{N/mm}^2)$$

由式(3-51)有：

$$\rho_{te} = \frac{A_s + A_p}{A_{te}} = \frac{1\,884}{200 \times 150} = 0.063 > 0.01$$

由式(3-49)有：

$$\psi = 1.1 - 0.65 \times \frac{f_{tk}}{\rho_{te}\sigma_{sk}} = 1.1 - 0.65 \times \frac{2.01}{0.063 \times 106.16} = 0.905$$

由式(3-50)有：

$$d_{eq} = \frac{\sum n_i d_i^2}{\sum n_i \nu_i d_i} = \frac{20}{1.0} = 20\,(\text{mm})$$

则取 $\alpha_{cr} = 2.7$。

由式(3-48)有：

$$w_{max} = \alpha_{cr}\psi\frac{\sigma_s}{E_s}\left[1.9c_s + 0.08\frac{d_{eq}}{\rho_{te}}\right] = 2.7 \times 0.905 \times \frac{106.16}{2.0 \times 10^5} \times \left[1.9 \times 28 + 0.08 \times \frac{20}{0.063}\right]$$

$$= 0.102\,(\text{mm})$$

根据表 3.6，此屋架最大裂缝宽度值为 0.20 mm，故抗裂验算满足要求。

三、受弯构件的挠度验算

受弯构件的挠度应满足下列条件：

$$f_{max} \leqslant [f] \tag{3-60}$$

式中　f_{max}——受弯构件的最大挠度，应按照荷载效应的标准组合并考虑长期作用影响进行计算；

　　$[f]$——受弯构件的挠度限值，按表3.9采用。

表 3.9　受弯构件的挠度限值

构件类型		挠度限值
吊车梁	手动吊车	$l_0/500$
	电动吊车	$l_0/600$
屋盖、楼盖及楼梯构件	当 $l_0 < 7$ m	$l_0/200(l_0/250)$
	当 $7 \leqslant l_0 < 9$ m 时	$l_0/250(l_0/300)$
	当 $l_0 > 9$ m 时	$l_0/300(l_0/400)$

注：1. 表中，l_0 为构件的计算跨度；计算悬臂构件的挠度限制时，其计算跨度 l_0 按实际悬臂长度的 2 倍取用。

2. 表中括号内的数值适用于使用上对挠度有较高要求的构件。

3. 如果构件制作时预先起拱，且使用上也允许，则在验算挠度时，可将计算所得的挠度值减去起拱值；对预应力混凝土构件，尚可减去预加力所产生的反拱值。

4. 构件制作时的起拱值和预加力所产生的反拱值，不宜超过构件在相应荷载组合作用下的计算挠度值。

在结构力学的相关计算中，研究了匀质弹性受弯构件变形的计算方法，如对于简支梁在均布荷载 g 作用下跨中最大挠度，运用虚功原理求得：

$$f_{max} = \frac{5gl_0^4}{384EI} = \frac{5Ml_0^4}{48EI} = \alpha \frac{Ml_0^4}{EI} \tag{3-61}$$

式中　f_{max}——梁跨中的最大挠度；

　　M——梁跨中的最大弯矩，$M = \dfrac{ql_0^2}{8}$；

　　EI——截面抗弯刚度；

　　α——与构件支承条件及所受荷载形式有关的挠度系数；

　　l_0——梁的计算跨度。

但是在实际情况中，钢筋混凝土受弯构件的刚度是一个变量。因此，钢筋混凝土受弯构件的挠度计算问题，关键在于截面抗弯刚度的取值。《混凝土结构设计规范》(GB 50010—2010)用 B 表示钢筋混凝土受弯构件的刚度，经试验研究确定了刚度的计算公式，这个刚度可分为短期刚度 B_s 和长期刚度 B。

受弯构件正常使用极限状态的挠度，可根据考虑长期荷载作用的刚度 B，用结构力学的方法进行计算，用 B 来代替 EI，这样可以得到受弯构件的挠度计算公式：

$$f_{max} = \alpha \frac{Ml_0^2}{B} \leqslant [f] \tag{3-62}$$

需要注意的是，沿构件长度方向的配筋及其弯矩都是变量，所以沿长度方向的刚度也是变量。因此，采用了沿长度方向最小刚度原则，即在弯矩同号区段内，按最大弯矩截面确定的刚度值为最小，并认为弯矩同号区段内的刚度相等。

理论上讲，提高混凝土强度等级，增加纵向钢筋的数量，选择合理的截面形状（如 T 形、I 形等）都可以提高梁的抗弯刚度，但效果最为显著的是增加梁的截面高度。

钢筋混凝土受弯构件的短期刚度：

$$B_s = \frac{E_s A_s h_0^2}{1.15\psi + 0.2 + \dfrac{6\alpha_E \rho}{1 + 3.5\gamma_f'}} \tag{3-63}$$

式中　α_E——钢筋弹性模量与混凝土弹性模量的比值，即 $\alpha_E = E_s/E_c$；

　　　ρ——纵向受拉钢筋配筋率：对钢筋混凝土受弯构件，取为 $A_s/(bh_0)$；对预应力混凝土受弯构件，取为 $(\alpha_1 A_p + A_s)/(bh_0)$，对灌浆的后张预应力筋，取 $\alpha_1 = 1.0$，对无粘结后张预应力筋，取 $\alpha_1 = 0.3$。

式中其他符号意义和取值参见裂缝宽度验算。

矩形、T 形、倒 T 形和 I 形截面受弯构件考虑荷载长期作用影响的刚度 B 可按下式计算：

当采用荷载标准组合时：

$$B = \frac{M_k}{M_q(\theta - 1) + M_k} B_s \tag{3-64}$$

当采用荷载准永久组合时：

$$B = \frac{B_s}{\theta} \tag{3-65}$$

式中　M_k——按荷载的标准组合计算的弯矩，取计算区段内的最大弯矩值；

　　　M_q——按荷载的准永久组合计算的弯矩，取计算区段内的最大弯矩值；

　　　B_s——按荷载准永久组合计算的钢筋混凝土受弯构件或按标准组合计算的预应力混凝土受弯构件的短期刚度；

　　　θ——考虑荷载长期作用对挠度增大的影响系数。

考虑荷载长期作用对挠度增大的影响系数 θ 可按下列规定取用：

(1) 钢筋混凝土受弯构件。当 $\rho' = 0$ 时，取 $\theta = 2.0$；当 $\rho' = \rho$ 时，取 $\theta = 1.6$；当 ρ' 为中间数值时，θ 按线性内插法取用。此处，ρ' 为受压钢筋的配筋率：$\rho' = \dfrac{A_s'}{bh_0}$；$\rho$ 为受拉钢筋的配筋率：$\rho = \dfrac{A_s}{bh_0}$。

对翼缘位于受拉区的倒 T 形截面，θ 应增加 20%。

(2) 预应力混凝土受弯构件，取 $\theta = 2.0$。

【例 3-9】　一钢筋混凝土矩形截面简支梁，混凝土强度等级为 C25，截面尺寸为 $b \times h = 200\ \mathrm{mm} \times 400\ \mathrm{mm}$，计算跨度 $l_0 = 6\ \mathrm{m}$，承受包含自重的均布永久荷载标准值 $g_k = 14\ \mathrm{kN/m}$，可变荷载标准值 $q_k = 8\ \mathrm{kN/m}$，可变荷载准永久系数为 $\psi_q = 0.5$。纵向受拉钢筋为 4Φ22，为 HRB400。环境类别为一类，$a_s = 35\ \mathrm{mm}$。试计算使用阶段的挠度值。

【解】　(1) 基本系数。

$f_{tk} = 1.78\ \mathrm{N/mm^2}$，$E_c = 2.80 \times 10^4\ \mathrm{N/mm^2}$，$E_s = 2.0 \times 10^5\ \mathrm{N/mm^2}$，$f_y = 360\ \mathrm{N/mm^2}$

$h_0 = h - a_s = 365\ \mathrm{mm}$

$M_k = \dfrac{1}{8}(q_k + g_k) l_0^2 = 99\ \mathrm{kN \cdot m}$

$$M_q = \frac{1}{8}g_k l_0^2 + \frac{1}{8}q_k l_0^2 \psi_q = 81 \text{ kN} \cdot \text{m}$$

(2)确定短期刚度。

$$\alpha_E = E_s / E_c = 7.143$$

由式(3-54)有:

$$\sigma_{sq} = \frac{M_q}{0.87h_0 A_s} = \frac{81 \times 10^6}{0.87 \times 365 \times 1\,520} = 167.81 \text{ N/mm}^2$$

由式(3-51)有:

$$\rho_{te} = \frac{A_s + A_p}{A_{te}} = \frac{1\,520}{0.5 \times 200 \times 400} = 0.038$$

由式(3-49)有:

$$\psi = 1.1 - 0.65 \times \frac{f_{tk}}{\rho_{te}\sigma_{sq}} = 1.1 - 0.65 \times \frac{1.78}{0.038 \times 167.81} = 0.919$$

矩形截面,$\gamma_f' = 0$

$$\rho = A_s / (bh_0) = \frac{1\,520}{200 \times 365} = 0.020\,8$$

则由式(3-63)有:

$$B_s = \frac{E_s A_s h_0^2}{1.15\psi + 0.2 + \frac{6\alpha_E \rho}{1 + 3.5\gamma_f'}} = \frac{2.0 \times 10^5 \times 1\,520 \times 365^2}{1.15 \times 0.919 + 0.2 + \frac{6 \times 7.143 \times 0.038}{1 + 3.5 \times 0}} = 1.404 \times 10^{13}$$

(3)计算长期刚度 B。

当 $\rho' = 0$ 时,取 $\theta = 2.0$

根据式(3-65)有:

$$B = \frac{B_s}{\theta} = 0.702 \times 10^{13}$$

(4)计算挠度值。

根据式(3-61)有:

$$f_{max} = \frac{5gl_0^4}{384EI} = \frac{5 \times (g_k + q_k\psi_q)l_0^4}{384B} = \frac{5 \times (14 + 8 \times 0.5) \times 6^4 \times 10^6 \times 10^6}{384 \times 0.702 \times 10^{13}} = 43.27 \text{(mm)}$$

根据表 3.9,挠度限值为 $\frac{l_0}{200} = 30$ mm,故不满足要求,需增加截面刚度。

本章小结

(一)受弯构件计算与验算

1. 承载能力极限状态计算

(1)正截面受弯承载力计算。通过控制足够的截面尺寸,以及配置一定数量的纵向受力钢筋保证受弯构件不发生正截面破坏。

(2)斜截面受弯承载力计算。通过控制足够的截面尺寸,以及配置一定数量的箍筋和弯起钢筋,保证受弯构件不发生斜截面破坏。

2. 正常使用极限状态验算

主要内容包括构件的变形及裂缝宽度的限制。

(二)受弯构件正截面承载力计算

受弯构件正截面破坏有三种形式：适筋破坏、超筋破坏和少筋破坏。可以通过控制配筋率来防止超筋破坏和少筋破坏。

适筋破坏的工作过程可分为以下3个阶段：

(1)第Ⅰ阶段——弹性工作阶段。

(2)第Ⅱ阶段——带裂缝工作阶段。

(3)第Ⅲ阶段——屈服阶段。

进行计算时，其正截面承载力是以适筋梁第Ⅲₐ阶段为依据建立力学模型，为建立基本公式采用下述基本假定：

(1)平截面假定。正截面在弯曲变形后仍保持一平面。

(2)不考虑混凝土的抗拉强度。

根据力学模型和假定，可以依据力的平衡条件列出方程进行求解计算。

(三)受弯构件斜截面承载力计算

根据剪跨比和配箍率的不同，斜截面破坏可分为斜拉破坏、剪压破坏和斜压破坏。它们均为脆性破坏。

对于钢筋混凝土受弯构件斜截面的脆性破坏形态，可以通过一定的构造措施来避免。例如通过控制最小配筋率，以及限制腹筋的间距来防止斜拉破坏；通过控制最大配箍率，限制截面尺寸来防止斜压破坏。

(四)构件正常使用极限状态验算

不仅是受弯构件，所有的钢筋混凝土结构构件应根据结构构件的工作条件和使用要求，进行正常使用极限状态验算，以保证结构构件的适用性和耐久性。裂缝和变形是进行计算控制的重点。

钢筋混凝土构件正截面的裂缝宽度应按荷载标准组合或准永久组合并考虑长期作用影响进行计算，受弯构件的挠度应按照荷载效应的标准组合并考虑长期作用影响进行计算，均不应超过相关规定限值。

▷ 思考题实践练习

1. 钢筋混凝土正截面受弯有几种破坏形态？各有哪些特点？

2. 在实际工程中，为什么应避免把梁设计成少筋梁或超筋梁？

3. 适筋梁从开始加载到正截面承载力破坏经历了哪几个阶段？各阶段的主要特征是什么？

4. 进行正截面承载力计算时引用了哪些基本假定？

5. 如何防止超筋破坏和少筋破坏？

6. 什么是双筋截面？在双筋截面中受压钢筋起什么作用？在什么条件下可采用双筋截面梁？

7. T形截面如何分类？怎样判别第一类T形截面和第二类T形截面？

8. 受弯构件斜截面受剪破坏有哪几种形态？各有什么特点？

9. 某单跨简支板，一类环境，计算跨度 $l=2$ m，承受均布荷载设计值 6 kN/m²（包括自重），混凝土强度等级为 C25，采用 HPB300 钢筋。试确定现浇板的厚度 h 及所需受拉钢筋截面面积 A_s，并选配钢筋，绘制配筋图。

10. 某钢筋混凝土矩形梁截面尺寸 $b×h=200$ mm×500 mm，混凝土强度等级为 C30，采用 HRB335 钢筋(2$\underline{\Phi}$18)。试验算梁截面上承受弯矩设计值 $M=78$ kN·m 时是否安全？

11. 已知某梁的截面尺寸 $b×h=250$ mm×600 mm，最大弯矩设计值 $M=400$ kN·m，混凝土强度等级为 C25，钢筋为 HRB400 级，求所需纵向受力钢筋面积。

12. 已知某矩形梁截面尺寸 $b×h=200$ mm×500 mm，承受弯矩设计值 $M=216$ kN·m，混凝土强度等级为 C20，已配 HRB335 受拉钢筋 6$\underline{\Phi}$20($a_s=70$ mm)。试复核该梁是否安全。

13. 已知某双筋矩形梁截面尺寸 $b×h=250$ mm×500 mm，混凝土强度等级为 C25，采用 HRB335 钢筋。配置 2$\underline{\Phi}$12 受压钢筋，3$\underline{\Phi}$25+2$\underline{\Phi}$22 受拉钢筋。试求该截面所能承受的最大弯矩设计值。

14. 某 T 形截面梁，$b'_f=500$ mm，$b=200$ mm，$h'_f=100$ mm，$h=500$ mm，混凝土强度等级为 C30，钢筋为 HRB335 级，$M=210$ kN·m，求所需纵向受力钢筋截面面积。

15. 某简支梁所承受的最大支座剪力为 150 kN，混凝土强度等级为 C25，环境类别为一类，箍筋采用 HPB300，纵筋采用 HRB335。试求不设弯起钢筋时的受剪箍筋。

第四章 钢筋混凝土受扭构件

本章重点

纯扭构件承载力计算；弯剪扭构件承载力计算。

第一节 受扭构件概述

一、钢筋混凝土受扭构件

承受以扭矩为主要作用的构件，称为受扭构件。在实际工程中，单纯受扭构件极少，一般都是在扭矩和剪力（扭剪）或者在弯矩、扭矩和剪力（弯剪扭），甚至是压弯剪扭共同作用下的复合受扭。如雨篷梁、现浇框架结构中与次梁整体连接的边梁都属于弯剪扭复合受扭构件；在地震作用下结构受扭时，框架柱则属于压扭构件（图 4.1）。

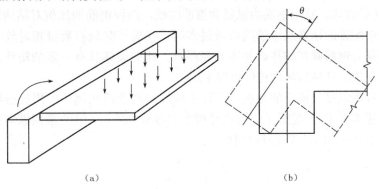

（a）　　　　　　　　　　　　　（b）

图 4.1　受扭构件

（a）挑檐梁（平衡扭转）；（b）现浇框架结构中的边梁（协调扭转）

（1）平衡扭转。构件的扭矩是由荷载的直接作用所引起的，其扭矩可由静力平衡条件求得，如雨篷梁、吊车梁等。

（2）协调扭转。超静定结构中由于相邻构件的变形引起，其扭矩需利用变形协调条件求得。如与次梁相连的边框架的主梁扭转。

二、矩形抗扭钢筋形式

矩形截面构件受扭时，主裂缝与纵轴成 45°方向，所以抵抗扭矩最有效的配筋是配置大致与 45°方向交叉的螺旋钢筋，但在实际工程中，扭矩在构件全长方向上常常改变，并且螺旋钢筋施工复杂，所以实际工程结构中一般采用箍筋和沿截面周边均匀布置的纵筋来抵抗扭矩。

第二节　混凝土纯扭构件承载力计算

一、钢筋混凝土纯扭构件破坏形态

根据受扭钢筋配筋率的不同，钢筋混凝土矩形截面纯扭构件(图 4.2)的破坏特征可分为以下四种类型：

(1)少筋破坏。当受扭钢筋配置过少时，配筋构件的抗扭承载力与素混凝土构件没有实质性的差别，其破坏扭矩基本上与开裂扭矩相等，构件一开裂便破坏，呈脆性，称为少筋破坏。可以通过控制受扭钢筋的最小配筋率以及箍筋的最大间距来防止此类破坏。

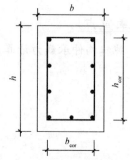

图 4.2　矩形受扭构件截面

(2)适筋破坏。当构件中的受扭钢筋配置适当时，破坏前构件上陆续出现多条与构件轴线大约呈 45°角的螺旋裂缝，随着荷载的增加，与裂缝相交的箍筋与纵筋先后达到屈服，最后混凝土被压碎，此类破坏具有较好的塑性，称为适筋破坏。

(3)超筋破坏。当受扭箍筋和纵筋都配置得太多时，在两者都未能达到屈服点以前，受压边混凝土被压碎而构件宣告破坏，破坏呈明显的脆性，称为超筋破坏。

(4)部分超筋破坏。抗扭钢筋由纵筋和箍筋组成，两种钢筋的比例对结构破坏特征也有影响，当构件中配置的箍筋或纵筋的数量过多时，在破坏时只有数量相对较少的钢筋受拉屈服，而另一部分钢筋则在破坏时达不到屈服点，此类破坏具有一定的塑性，称为部分超筋破坏。在工程中，这种破坏的构件可以采用。

为了充分发挥纵筋与箍筋的强度，设计中应控制两者的比例，可用抗扭纵筋与抗扭箍筋的配筋强度比来表示。《混凝土结构设计规范》(GB 50010—2010)采用纵向钢筋与箍筋的配筋强度比值 $\zeta(0.6 \leqslant \zeta \leqslant 1.7)$ 进行控制。

$$\zeta = \frac{f_y A_{stl} s}{f_{yv} A_{st1} u_{cor}} \tag{4-1}$$

式中　A_{stl}——受扭计算中取对称布置的全部纵向普通钢筋截面面积；

　　　A_{st1}——受扭计算中沿截面周边配置的箍筋单肢截面面积；

　　　f_y——受扭纵筋的抗拉强度设计值；

　　　f_{yv}——受扭箍筋的抗拉强度设计值；

　　　s——箍筋间距；

　　　u_{cor}——截面核心部分的周长，$u_{cor} = 2(h_{cor} + b_{cor})$，其中 b_{cor} 和 h_{cor} 分别为截面核心短边与长边长度。$b_{cor} = b - 2c - 2d_{箍}$，$h_{cor} = h - 2c - 2d_{箍}$，$c$ 为箍筋的混凝土保护层厚度，$d_{箍}$ 为箍筋的直径。

二、矩形截面素混凝土纯扭构件承载力计算

《混凝土结构设计规范》(GB 50010—2010)根据试验结果，素混凝土矩形截面纯扭构件承载力按下式计算：

$$T_u = 0.7 f_t W_t \tag{4-2}$$

式中 T_u——素混凝土纯扭构件的极限扭矩；

f_t——混凝土抗拉强度设计值；

W_t——受扭构件的截面受扭塑性抵抗矩。

其中矩形截面的受扭塑性抵抗矩：

$$W_t = \frac{b^2}{6}(3h - b) \tag{4-3}$$

式中 b, h——分别为矩形截面的短边尺寸、长边尺寸。

三、Ⅰ形和Ⅱ形截面素混凝土纯扭构件承载力计算

当为Ⅰ形、Ⅱ形等截面形状时，其截面受扭塑性抵抗矩可按腹板、翼缘的形状分别按式(4-2)计算后叠加得到(图 4.3)：

$$W_t = W_{tw} + W'_{tf} + W_{tf} \tag{4-4}$$

$$W_{tw} = \frac{b^2}{6}(3h - b), \quad W'_{tf} = \frac{h'^2_f}{2}(b'_f - b), \quad W_{tf} = \frac{h^2_f}{2}(b_f - b) \tag{4-5}$$

式中 W_t——完整截面的受扭塑性抵抗矩；

W'_{tf}, W_{tw}, W_{tf}——分别为受压翼缘、腹板及受拉翼缘的受扭塑性抵抗矩。

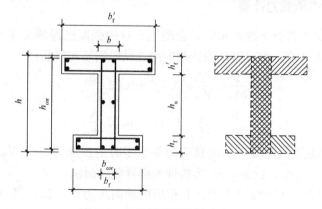

图 4.3 Ⅰ字形截面的划分方法

四、矩形截面钢筋混凝土纯扭构件承载力计算

矩形截面钢筋混凝土纯扭构件承载力计算公式：

$$T \leqslant 0.35 f_t W_t + 1.2\sqrt{\zeta} f_{yv} \frac{A_{st1} A_{cor}}{s} \tag{4-6}$$

式中 T——扭矩设计值；

f_t——混凝土抗拉强度设计值；

W_t——受扭截面的受扭塑性抵抗矩；

ζ——受扭的纵向普通钢筋与箍筋的配筋强度比值，ζ 值不应小于 0.6，当 ζ 大于 1.7 时，取 1.7；

A_{cor}——截面核心部分的面积；$A_{cor} = b_{cor} h_{cor}$，此处 b_{cor}、h_{cor} 分别为箍筋内表面范围内截面核心部分的短边尺寸、长边尺寸。

注：1. 偏心距 e_{p0} 不大于 $h/6$ 的预应力混凝土纯扭构件，当计算的 ζ 不小于 1.7 时，取 1.7，可在式 (4-6) 的右边增加预应力影响项 $0.05\dfrac{N_{p0}}{A_0}W_t$，此处 N_{p0} 为计算截面上混凝土法向预应力等于零时的预加力，A_0 为构件的换算截面面积。

2. 当 ζ 小于 1.7 或 e_{p0} 大于 $h/6$ 时，不应考虑预加力影响项，而应按钢筋混凝土纯扭构件计算。

五、Ⅰ形和Ｔ形截面钢筋混凝土纯扭构件承载力计算

Ｔ形和Ⅰ形截面的纯扭构件承受扭矩 T 时，与素混凝土纯扭构件相同，按图 4.3 可将截面划分为腹板、受压翼缘和受拉翼缘三个矩形块（一般保证腹板的完整性），将总的扭矩 T 按各矩形块的受扭塑性抵抗矩分配给各矩形块承担，求得各矩形块承受的扭矩后，按式 (4-6) 计算，确定各自所需的抗扭纵向钢筋及抗扭箍筋面积，最后统一配筋。

计算时取用的翼缘宽度应符合 b_f' 不大于 $b+6h_f'$ 及 b_f 不大于 $b+6h_f$ 的规定。

第三节　矩形截面弯剪扭构件承载力计算

一、弯剪扭构件承载力计算

对于受扭构件，当符合下列要求时，混凝土自身的强度已经满足了承载力要求，可不进行构件剪扭承载力计算，而只需按构造规定配置纵向钢筋和箍筋：

$$\frac{V}{bh_0}+\frac{T}{W_t}\leqslant 0.7f_t+0.05\frac{N_{p0}}{bh_0} \tag{4-7}$$

或

$$\frac{V}{bh_0}+\frac{T}{W_t}\leqslant 0.7f_t+0.07\frac{N}{bh_0} \tag{4-8}$$

式中　N_{p0}——计算截面上混凝土法向预应力等于零时的预加力，当 N_{p0} 大于 $0.3f_cA_0$ 时，取 $0.3f_cA_0$，此处，A_0 为构件的换算截面面积；

N——与剪力、扭矩设计值 V、T 相应的轴向压力设计值，当 N 大于 $0.3f_cA$ 时，取 $0.3f_cA$，此处，A 为构件的截面面积。

为了更准确清晰地理解弯剪扭构件的配筋计算，细分为以下多种简单的情况进行介绍。

(1) 轴向压力和扭矩共同作用下矩形截面构件承载力计算。当纯扭构件上作用有轴向压力时，轴向压力有助于抑制斜裂缝的发展，提高构件的抗扭能力。其抗扭承载力按下式计算：

$$T\leqslant(0.35f_t+0.07\frac{N}{A})W_t+1.2\sqrt{\zeta}f_{yv}\frac{A_{st1}A_{cor}}{s} \tag{4-9}$$

式中　N——与扭矩设计值 T 相应的轴向压力设计值，当 N 大于 $0.3f_cA$ 时，取 $0.3f_cA$；

A——构件截面面积。

(2) 轴向拉力和扭矩共同作用下矩形截面构件承载力计算。有轴向拉力作用的纯扭构件，其抗扭能力会降低。其抗扭承载力按下式计算：

$$T\leqslant(0.35f_t-0.2\frac{N}{A})W_t+1.2\sqrt{\zeta}f_{yv}\frac{A_{st1}A_{cor}}{s} \tag{4-10}$$

式中　N——与扭矩设计值相应的轴向拉力设计值，当 N 大于 $1.75f_tA$ 时，取 $1.75f_tA$。

（3）剪力和扭矩共同作用下矩形截面构件承载力计算。实验表明，剪力和扭矩共同作用下的构件，由于剪力的存在，使构件的抗扭承载力将有所降低；同样，由于扭矩的存在，也会引起构件抗剪承载力降低，这便是剪力和扭矩的相关性。为了考虑剪扭相关性，引进剪扭构件混凝土受扭承载力强度降低系数 β_t（$0.5 \leqslant \beta_t \leqslant 1$）。需要注意的是，$\beta_t$ 在一般情况和集中荷载作用情况下计算公式不同。

1）一般剪扭构件，受剪承载力可按下式计算：

$$V \leqslant (1.5 - \beta_t)(0.7 f_t b h_0 + 0.05 N_{p0}) + f_{yv} \frac{A_{sv}}{s} h_0 \tag{4-11}$$

$$\beta_t = \frac{1.5}{1 + 0.5 \dfrac{V W_t}{T b h_0}} \tag{4-12}$$

式中　A_{sv}——受剪承载力所需的箍筋截面面积；

　　　β_t——一般剪扭构件混凝土受扭承载力降低系数，当 β_t 小于 0.5 时，取 0.5；当 β_t 大于 1.0 时，取 $\beta_t = 1.0$。

受扭承载力可按下式计算：

$$T \leqslant \beta_t \left(0.35 f_t + 0.05 \frac{N_{p0}}{A_0}\right) W_t + 1.2 \sqrt{\zeta} f_{yv} \frac{A_{st1} A_{cor}}{s} \tag{4-13}$$

此处需要注意的是，因为受扭和受剪的受力特性不同，抗扭承载力只考虑一个箍筋中的单肢，而抗剪承载力需要考虑一个箍筋中的所有肢数。

2）集中荷载作用下的独立混凝土剪扭构件，受剪承载力按下式计算：

$$V \leqslant (1.5 - \beta_t) \left(\frac{1.75}{\lambda + 1} f_t b h_0 + 0.05 N_{p0}\right) + f_{yv} \frac{A_{sv}}{s} h_0 \tag{4-14}$$

$$\beta_t = \frac{1.5}{1 + 0.2(\lambda + 1) \dfrac{V W_t}{T b h_0}} \tag{4-15}$$

式中　λ——计算截面的剪跨比；

　　　β_t——集中荷载作用下剪扭构件混凝土受扭承载力降低系数，当 β_t 小于 0.5 时，取 0.5；当 β_t 大于 1.0 时，取 1.0。

受扭承载力可按式（4-13）计算；但此种情况下，式（4-13）中的系数 β_t 应改按式（4-15）计算。

3）按照叠加原则计算剪扭的箍筋用量和纵筋用量。

（4）弯扭构件承载力计算。对于弯扭构件承载力计算采用叠加法，分别按纯弯和纯扭构件计算和配筋，然后将所需要的纵向钢筋面积叠加。需要注意的是，抗扭纵筋应沿截面周边均匀布置，而抗弯钢筋应放在受拉一侧底部。

（5）矩形截面弯剪扭构件承载力计算。对于弯剪扭构件，其纵筋面积应按受弯构件的正截面受弯承载力和剪扭构件的受扭承载力进行计算叠加，并按相应的位置进行配置；箍筋截面面积则按剪扭构件受剪承载力和受扭承载力进行计算，并按相应的位置进行配置，计算和配置过程中应注意以下两点：

1）当扭矩或者剪力较小时，它们对于构件承载力的影响很小，可以忽略剪扭相关性。

①当 $V \leqslant 0.35 f_t b h_0$ 或者 $V \leqslant 0.875 f_t b h_0 / (\lambda + 1)$ 时，可忽略剪力对构件承载力的影响，仅按弯矩和扭矩共同作用进行配筋。

②当 $T \leqslant 0.175 f_t W_t$ 时，可忽略扭矩对构件承载力的影响，仅按弯矩和剪力共同作用进行配筋。

2)最小配筋率。

二、截面尺寸限制条件

为了避免截面尺寸太小或者受扭构件配筋过多而发生完全超筋性质的脆性破坏，受扭构件截面尺寸和混凝土强度等级应符合下列要求：

当 h_w/b 不大于 4 时，

$$\frac{V}{bh_0} + \frac{T}{0.8W_t} \leqslant 0.25\beta_c f_c \tag{4-16}$$

当 h_w/b 等于 6 时，

$$\frac{V}{bh_0} + \frac{T}{0.8W_t} \leqslant 0.2\beta_c f_c \tag{4-17}$$

当 h_w/b 大于 4 但小于 6 时，按线性内插法确定。

当不满足上述要求时，应增大截面尺寸或提高混凝土强度等级。

三、构造规定

为了防止构件中发生"少筋"性质的脆性破坏，在弯剪扭构件中箍筋和纵筋配筋率及构造上的要求应符合下列规定：

(1)梁内受扭纵向钢筋的最小配筋率。

$$\rho_{tl} = \frac{A_{stl}}{bh} \geqslant \rho_{tl,min} = \frac{A_{stl,min}}{bh} = 0.6\sqrt{\frac{T}{Vb}}\frac{f_t}{f_y} \tag{4-18}$$

$$当 \frac{T}{Vb} > 2.0 \text{ 时，取} \frac{T}{Vb} = 2.0 \tag{4-19}$$

式中　$\rho_{tl,min}$——受扭纵向钢筋的最小配筋率；

　　　A_{stl}——沿截面周边布置的受扭纵向钢筋总截面面积。

沿截面周边布置受扭纵向钢筋的间距不应大于 200 mm 及梁截面短边长度；除应在梁截面四角设置受扭纵向钢筋外，其余受扭纵向钢筋宜沿截面周边均匀对称布置。受扭纵向钢筋应按受拉钢筋锚固在支座内。

在弯剪扭构件中，配置在截面弯曲受拉边的纵向受力钢筋，其截面面积不应小于受弯构件受拉钢筋最小配筋率计算的钢筋截面面积与受扭纵向钢筋配筋率计算并分配到弯曲受拉边的钢筋截面面积之和。

(2)箍筋(剪扭箍筋)的最小配箍率：

$$\rho_{sv} = \frac{A_{sv}}{bs} \geqslant \rho_{sv,min} = \frac{A_{sv,min}}{bs} = 0.28\frac{f_t}{f_{yv}} \tag{4-20}$$

其中受扭所需的箍筋应做成封闭式，且应沿截面周边布置，当采用绑扎骨架时，受扭所需箍筋的末端应做成 135°的弯钩，弯钩端头平直段长度不应小于 $10d$(d 为箍筋直径)。超静定结构中，考虑协调扭转而配置的箍筋，其间距不宜大于 $0.75b$，此处 b 按式(4-16)和式(4-17)的规定取用。

四、矩形截面弯剪扭构件配筋计算步骤

当已知截面内力(M、T、V)与 ζ，并初步选定截面尺寸和材料强度等级后，可按以下

步骤进行：

(1)按式(4-16)和式(4-17)的相关规定验算截面尺寸。若截面尺寸不满足时，应增大截面尺寸后再验算。

(2)判定构件承载力是否考虑剪力和扭矩的影响。

(3)按式(4-7)、式(4-8)判定是否按构造规定配置抗剪、抗扭钢筋。

(4)若抗剪、抗扭需计算配筋，按剪扭构件相关公式计算箍筋用量，并按照本节构造规定的第(2)条验算最小配箍率。

(5)弯剪扭构件的抗扭纵筋，根据式(4-1)确定，并按式(4-18)验算最小配筋量。

(6)弯剪扭构件的抗弯纵筋，按矩形截面受弯构件计算，并验算最小配筋率。

(7)由第(5)、(6)条确定总的纵筋用量。

【例 4-1】 某矩形截面受扭构件，承受扭矩设计值为 $T=18$ kN·m，截面尺寸为 250 mm× 500 mm，混凝土强度等级为 C25，箍筋为 HRB335 级钢筋，纵筋为 HRB400 级钢筋，环境类别为二类。试计算截面的配筋数量。

【解】 $f_c=11.9$ N/mm^2，$f_t=1.27$ N/mm^2，$f_y=360$ N/mm^2，$f_{yv}=300$ N/mm^2，混凝土保护层为 30 mm。

(1)验算截面尺寸是否满足要求。

$$W_t=\frac{b^2}{6}(3h-b)=\frac{250^2}{6}\times(3\times500-250)=13.021\times10^6(\text{mm}^3)$$

$$\frac{T}{0.8W_t}=\frac{18\times10^6}{0.8\times13.021\times10^6}=1.728<0.25\beta_c f_c=0.25\times1.0\times11.9=2.975$$

故截面尺寸满足要求。

(2)验算是否按计算配置抗扭钢筋。

$$0.7f_t W_t=0.7\times1.27\times13.021\times10^6=11.58 \text{ kN·m}<T=18 \text{ kN·m}$$

故需按计算配置受扭钢筋。

(3)抗扭箍筋的计算。

$$b_{cor}=250-30\times2=190(\text{mm})，\quad h_{cor}=500-30\times2=440(\text{mm})$$

1)假定 $\zeta=1.1$。

2)由式(4-6)得：

$$\frac{A_{st1}}{s}=\frac{T-0.35f_t W_t}{1.2\sqrt{\zeta}f_{yv}A_{cor}}=\frac{18\times10^6-0.35\times1.27\times13.021\times10^6}{1.2\sqrt{1.1}\times300\times190\times440}=0.387$$

3)箍筋直径及间距的确定。

选用 φ8 箍筋（$A_{sv1}=50.3$ mm^2），双肢箍，$n=2$，则 $s=\dfrac{A_{st1}}{0.387}=\dfrac{50.3}{0.387}=130(\text{mm})$

取 $s=120$ mm，$s_{max}=200$ mm（满足构造要求）

即所配箍筋为 φ8@120。

4)验算抗扭箍筋的配筋率。

$$\rho_{sv}=\frac{2A_{st1}}{bs}=\frac{2\times50.3}{250\times120}=0.34\%\geqslant\rho_{sv,min}=0.28\frac{f_t}{f_{yv}}=0.28\times\frac{1.27}{300}=0.12\%$$

满足要求。

(4)抗扭纵筋的计算。

1)按式(4-1)得：

$$A_{stl}=\frac{\zeta f_{yv}u_{cor}}{f_y}\cdot\frac{A_{st1}}{s}=\frac{1.1\times300\times2\times(190+440)}{360}\times\frac{50.3}{120}=484(\text{mm}^2)$$

2）验算抗扭纵筋配筋率。

$$\rho_{tl}=\frac{A_{stl}}{bh}=\frac{484}{250\times500}=0.387\%\geqslant\rho_{tl,\min}=0.6\sqrt{\frac{T}{Vb}}\cdot\frac{f_t}{f_y}=0.6\sqrt{2}\times\frac{1.27}{360}=0.30\%$$

满足要求。

3）选筋。选用 6Φ12（$A_s=678$ mm^2）。

【例 4-2】 某钢筋混凝土矩形截面悬挑梁，截面尺寸为 240 mm×240 mm，混凝土强度等级为 C25，箍筋为 HRB335 级钢筋，纵筋为 HRB400 级钢筋。承受弯矩、剪力、扭矩设计值分别为 $M=25$ kN·m，$V=40$ kN，$T=6$ kN·m，环境类别为一类。试计算该梁的配筋数量。

【解】 $f_c=11.9$ N/mm^2，$f_t=1.27$ N/mm^2，$f_y=360$ N/mm^2，$f_{yv}=300$ N/mm^2，混凝土保护层为 25 mm，$h_0=240-35=205$ mm。

(1)验算截面尺寸是否满足要求。

$$W_t=\frac{b^2}{6}(3h-b)=\frac{240^2}{6}\times(3\times240-240)=4.608\times10^6(\text{mm}^3)$$

$$\frac{V}{bh_0}+\frac{T}{0.8W_t}=\frac{40\times10^3}{240\times205}+\frac{6\times10^6}{0.8\times4.608\times10^6}=2.441<0.25\beta_c f_c=0.25\times1.0\times11.9$$
$$=2.975$$

故截面尺寸满足要求。

(2)验算是否按计算配置抗扭钢筋。

$$\frac{V}{bh_0}+\frac{T}{W_t}=\frac{40\times10^3}{240\times205}+\frac{6\times10^6}{4.608\times10^6}=2.115>0.7f_t=0.7\times1.27=0.889$$

故需按计算配置受剪、受扭钢筋。

(3)确定计算方法。

1)验算是否考虑剪力的影响。

$$V=40\text{ kN}>0.35f_t bh_0=0.35\times1.27\times240\times205=21.87\text{ kN}$$

故不能忽略剪力的影响。

2)验算是否考虑扭矩的影响。

$$T=6\text{ kN}>0.175f_t W_t=0.175\times1.27\times4.608\times10^6=1.024\text{ kN·m}$$

故不能忽略扭矩的影响。

因此，应按剪、扭构件进行设计。

(4)受弯构件承载力计算。

$$\rho_{\min}=0.2\%>45\frac{f_t}{f_y}=45\times\frac{1.27}{360}=0.16\%，取\rho_{\min}=0.2\%$$

$$\alpha_s=\frac{M}{\alpha_1 f_c bh_0^2}=\frac{25\times10^6}{1.0\times11.9\times240\times205^2}=0.208\leqslant\alpha_{s,\max}=0.384(\text{不超筋})$$

$$\gamma_s=\frac{1+\sqrt{1-2\alpha_s}}{2}=\frac{1+\sqrt{1-2\times0.208}}{2}=0.882$$

$$A_s=\frac{M}{\gamma_s f_y h_0}=\frac{25\times10^6}{0.882\times360\times205}=384(\text{mm}^2)$$

少筋验算：384 mm$^2\geqslant\rho_{\min}bh=0.2\%\times240\times240=115$ mm^2

(5)抗剪承载力计算。

$$\beta_t = \frac{1.5}{1+0.5\dfrac{VW_t}{Tbh_0}} = \frac{1.5}{1+0.5\times\dfrac{40\times10^3\times4.608\times10^6}{6\times10^6\times240\times205}} = 1.143 > 1.0$$

故取 $\beta_t = 1.0$。

由式(4-11)得：

$$\frac{A_{sv}}{s} = \frac{V-(1.5-\beta_t)0.7f_t bh_0}{f_{yv}h_0} = \frac{40\times10^3-(1.5-1.0)\times0.7\times1.27\times240\times205}{300\times205} = 0.295$$

(6)抗扭承载力的计算。

$b_{cor} = 240-25\times2 = 190(mm)$，$h_{cor} = 240-25\times2 = 190(mm)$

1)抗扭箍筋的计算。

假定 $\zeta = 1.1$，由式(4-13)得：

$$\frac{A_{stl}}{s} = \frac{T-0.35\beta_t f_t W_t}{1.2\sqrt{\zeta}f_{yv}A_{cor}} = \frac{6\times10^6-0.35\times1.0\times1.27\times4.608\times10^6}{1.2\sqrt{1.1}\times300\times190\times190} = 0.290$$

2)抗扭纵筋的计算。由式(4-1)得：

$$A_{stl} = \frac{\zeta f_{yv}u_{cor}}{f_y}\cdot\frac{A_{stl}}{s} = \frac{1.1\times300\times4\times190}{360}\times0.290 = 202(mm^2)$$

验算抗扭纵筋配筋率：

$$\rho_{tl} = \frac{A_{stl}}{bh} = \frac{202}{240\times240} = 0.35\% \geqslant \rho_{tl,min} = 0.6\sqrt{\frac{T}{Vb}}\frac{f_t}{f_y} = 0.6\sqrt{\frac{6\times10^6}{40\times10^3\times240}}\times\frac{1.27}{360}$$
$$= 0.17\%$$

满足要求。

(7)配筋(选筋)。

1)纵筋。将布置于梁下部的受弯纵筋与受扭纵筋合并考虑。

①梁截面上部的纵筋面积为：$\dfrac{A_{stl}}{2} = 101(mm^2)$

选用 2Φ8($A_s = 101$ mm^2)。

②梁截面下部纵筋面积为：$\dfrac{A_{stl}}{2}+A_s = 101+384 = 485(mm^2)$

选用 2Φ18($A_s = 509$ mm^2)。

2)箍筋。

$$\frac{A_{sv1}^*}{s} = \frac{A_{sv}}{2s}+\frac{A_{stl}}{s} = \frac{0.295}{2}+0.290 = 0.4375$$

①箍筋直径及间距的确定。

选用 ϕ8 箍筋($A_{sv1} = 50.3$ mm^2)，双肢箍，$n=2$，则 $s = \dfrac{A_{sv1}^*}{0.4375} = \dfrac{50.3}{0.4375} = 115$ mm

取 $s = 120$ mm $< s_{max} = 150$ mm(满足构造要求)

即所配箍筋为 ϕ8@110。

②验算抗扭箍的配筋率。

$$\rho_{sv} = \frac{2A_{sv1}^*}{bs} = \frac{2\times50.3}{240\times120} = 0.35\% \geqslant \rho_{sv,min} = 0.28\times\frac{f_t}{f_{yv}} = 0.28\times\frac{1.27}{300} = 0.12\%$$

满足要求。

配筋图如图 4.4 所示。

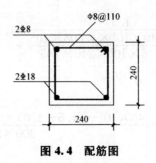

图 4.4 配筋图

本章小结

(一)钢筋混凝土受扭构件的形式

钢筋混凝土受扭构件扭转的类型包括：

(1)平衡扭转。构件的扭矩是由荷载的直接作用所引起的，其扭矩可由静力平衡条件求得，如雨篷梁、吊车梁等。

(2)协调扭转。超静定结构中由于相邻构件的变形引起，其扭矩需利用变形协调条件求得。如与次梁相连的边框架的主梁扭转。

矩形截面构件受扭时，实际工程结构中一般采用箍筋和沿截面周边均匀布置的纵筋来抵抗扭矩。

(二)纯扭构件承载力计算

根据受扭钢筋配筋率的不同，钢筋混凝土矩形截面纯扭构件的破坏特征可分为下列四种类型：

(1)少筋破坏。可以通过控制受扭钢筋的最小配筋率以及箍筋的最大间距来防止此类破坏。

(2)适筋破坏。此类破坏具有较好的塑性，称为适筋破坏。

(3)超筋破坏。此类破坏呈明显的脆性。

(4)部分超筋破坏。此类破坏具有一定的塑性，称为部分超筋破坏。在工程中，这种破坏的构件可以采用。

为了充分发挥纵筋与箍筋的强度，设计中应控制两者的比例，可采用纵向钢筋与箍筋的配筋强度比值 $\zeta(0.6 \leqslant \zeta \leqslant 1.7)$ 进行控制。

(三)弯剪扭构件承载力计算

计算过程中应考虑剪扭相关性，受扭箍筋布置在截面周围，受扭纵筋对称布置在截面周边，受弯纵筋和受扭纵筋应合并布置。

思考题实践练习

1. 受扭构件如何分类？
2. 简述受扭构件的配筋形式。

3. 钢筋混凝土纯扭构件有哪些破坏形态？以哪种破坏作为抗扭计算的依据？

4. 纯扭构件计算中如何避免少筋破坏和超筋破坏？

5. 受扭构件计算公式中，ζ 的物理意义是什么？起什么作用？有何限制？

6. 什么叫弯、剪、扭相关性？规范如何考虑其相关性的？

7. 钢筋混凝土弯剪扭构件对截面有哪些限制条件？

8. 弯、剪、扭构件，什么条件下可不进行抗扭钢筋的计算，而只按构造要求配筋？

9. 某钢筋混凝土矩形截面悬挑梁，承受弯矩、剪力、扭矩设计值分别为 $M=28$ kN·m，$V=35$ kN，$T=5$ kN·m，截面尺寸为 $200\,mm\times400\,mm$，混凝土强度等级为 C25，箍筋为 HRB335 级钢筋，纵筋为 HRB400 级钢筋，环境类别为一类。试计算该梁的配筋数量。

第五章 混凝土受压和受拉构件

轴心受压构件承载力计算；偏心受压构件承载力计算，受拉构件承载力计算。

第一节 受压构件概述

一、受压构件的分类

以承受轴向压力为主的构件称为受压构件。常见钢筋混凝土结构中的受压构件有框架柱、烟囱、桁架压杆、拱等。

只作用有轴力且轴向力作用线与构件截面形心轴重合时，称为轴心受压构件；当轴向力作用线与构件截面形心轴不重合或者同时作用有轴力和弯矩时（这两种情况可以等效转换），称为偏心受压构件。当轴向力作用线与截面的形心轴平行且沿某一主轴偏离形心时，称为单向偏心受压构件；当轴向力作用线与截面的形心轴平行且偏离两个主轴时，称为双向偏心受压构件，如图5.1所示。

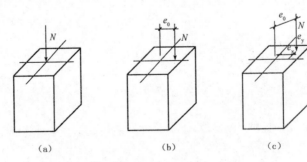

图5.1 轴心受压与偏心受压构件

(a)轴心受压构件；(b)单向偏心受压构件；(c)双向偏心受压构件

在实际工程中，由于混凝土材质不均匀，荷载作用位置误差以及制作安装的误差等原因，理想的轴心受压构件是不存在的。在实际设计中，桁架的受压腹杆、承受恒载为主的多层、多跨框架的中柱等，往往因弯矩很小而忽略不计，可近似地简化为轴心受压构件。单层厂房柱、一般框架柱、承受节间荷载的屋架上弦杆等其他大量构件都属于偏心受压构件，框架结构的角柱则属于双向偏心受压构件。

二、受压构件构造要求

与受弯构件一样，受压构件除需满足承载力计算要求外，还应满足相应的构造要求。

1. 材料强度等级

混凝土强度等级对受压构件的抗压承载力影响很大，因受压构件截面受压面积一般较大，设计时宜采用强度等级较高的混凝土。这样可以充分利用混凝土承压，节约钢材，减小构件截面尺寸，一般设计中常用的混凝土强度等级为 C25～C50。

在受压构件中，高强度钢材不能充分发挥其作用，以为钢筋与混凝土共同承压，两者变形保持协调，受混凝土最大压应变的限制，钢筋的压应力不能得到完全发挥。因此，一般设计中常采用 HRB400 级或 RRB400 级钢筋作为纵向受力钢筋，箍筋一般采用 HPB300 级，也可以采用 HRB335 级和 HRB400 级钢筋。

2. 截面形式及尺寸

为了模板制作方便，受压构件的截面形式一般为矩形。从受力合力考虑，轴心受压构件和在两个方向偏心距接近的双向偏心受压构件宜采用正方形，而单向偏心受压构件和主要在一个方向偏心的双向偏心受压构件宜采用长方形，承受较大荷载的装配式受压构件也常采用工字形截面。

对于工字形截面，翼缘厚度不宜小于 120 mm；现浇钢筋混凝土矩形柱的截面尺寸不宜小于 250 mm×250 mm，另外，柱截面尺寸还应符合模数化的要求，柱截面边长在 800 mm 及以下时，宜取 50 mm 为模数；在 800 mm 以上时，可取 100 mm 为模数。同时，柱截面尺寸还受到长细比的控制，一般情况下 $l_0/b \leqslant 30$、$l_0/d \leqslant 30$（b 为矩形截面短边尺寸，d 为圆形截面尺寸）。

3. 纵向钢筋

纵向受力钢筋的主要作用是与混凝土共同承担纵向压力，防止构件突然脆裂破坏及增强构件的延性；同时，纵向钢筋还可以承担构件因偏心受压或其他因素引起的拉力等。

柱中纵向钢筋的配置应符合下列规定：

（1）纵向受力钢筋直径不宜小于 12 mm，一般在 16～32 mm 内选用；矩形截面受压构件中，纵向受力钢筋根数不得少于 4 根，即 4 根角筋，以便与箍筋形成钢筋骨架。轴心受压构件中，纵向钢筋应沿构件截面周边均匀布置，偏心受压构件中的纵向受力钢筋应布置在垂直于弯矩作用方向的两个对边，全部纵向钢筋的配筋率不宜大于 5％。

（2）柱中纵向钢筋的净间距不应小于 50 mm，且不宜大于 300 mm。

（3）偏心受压柱的截面高度不小于 600 mm 时，防止构件因混凝土收缩和温度变化产生裂缝，在柱的侧面上应设置直径不小于 10 mm 的纵向构造钢筋，并相应设置复合箍筋或拉筋。

（4）圆柱中纵向钢筋不宜少于 8 根，且宜沿周边均匀布置。

（5）在偏心受压柱中，垂直于弯矩作用平面的侧面上的纵向受力钢筋以及轴心受压柱中各边的纵向受力钢筋，其中距不宜大于 300 mm。

4. 箍筋

受压构件中箍筋与纵向钢筋构成空间骨架，如图 5.2 所示。箍筋除在施工时对纵向钢筋起固定作用外，还给纵向钢筋提供侧向支点，防止纵向钢筋受压弯曲而降低承压能力。

另外，箍筋在柱中也起到抵抗水平剪力的作用。密布箍筋还起到约束核心混凝土，提高其强度的作用。

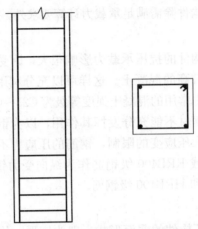

图 5.2　受压构件的钢筋骨架

柱中的箍筋应符合下列规定：箍筋直径不应小于纵向钢筋最大直径的 1/4，且不应小于 6 mm，箍筋间距不应大于 400 mm 及构件截面的短边尺寸，且不应大于 15 倍纵向钢筋的最小直径；柱及其他受压构件中的周边箍筋应做成封闭式；对圆柱中的箍筋，末端应做成 135°弯钩，弯钩末端平直段长度不应小于 5 倍箍筋直径；当柱截面短边尺寸大于 400 mm 且各边纵向钢筋多于 3 根时，或当柱截面短边尺寸不大于 400 mm 但各边纵向钢筋多于 4 根时，应设置复合箍筋；柱中全部纵向受力钢筋的配筋率大于 3% 时，箍筋直径不应小于 8 mm，间距不应大于 10d，且不应大于 200 mm。箍筋末端应做成 135°弯钩，且弯钩末端平直段长度不应小于 10 倍受力钢筋的最小直径；在配有螺旋式或焊接环式箍筋的柱中，如在正截面受压承载力计算中考虑间接钢筋的作用时，箍筋间距不应大于 80 mm 及箍筋内表面确定的核心截面直径的 1/5，且不宜小于 40 mm。

第二节　轴心受压构件正截面承载力

受压构件所配置箍筋有普通箍筋、间接钢筋（螺旋式或焊接环式箍筋）之分。不同箍筋的轴心受压构件，其受力性能及计算方法不同。

一、普通箍筋轴心受压构件的受力性能与承载力计算

（1）正截面受压承载力计算。根据以上分析，轴心受压构件承载力计算简图如图 5.3 所示，考虑稳定及可靠度因素后，轴心受压构件的正截面承载力计算公式为：

$$N \leqslant 0.9\varphi(f_c A + f_y' A_s') \tag{5-1}$$

式中　N——轴心压力设计值；

　　　φ——钢筋混凝土轴心受压构件的稳定系数，按表 5.1 取值；

　　　f_c——混凝土轴心抗压强度设计值；

　　　f_y'——钢筋抗压强度设计值；

A——构件截面面积，当纵向普通钢筋配筋率 $\rho'>3\%$ 时，A 用 $(A-A_s')$ 代替；

A_s'——截面全部纵向普通钢筋截面面积。

上式中等号右边乘以系数 0.9 是为了保持与偏心受压构件正截面承载力计算的可靠度相近。

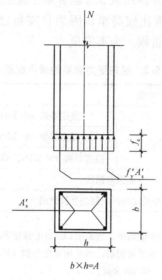

图 5.3 轴心受压构件

表 5.1 钢筋混凝土轴心受压构件的稳定系数 φ

l_0/b	l_0/d	l_0/i	φ	l_0/b	l_0/d	l_0/i	φ
≤8	≤7	≤28	1.00	30	26	104	0.52
10	8.5	35	0.98	32	28	111	0.48
12	10.5	42	0.95	34	29.5	118	0.44
14	12	48	0.92	36	31	125	0.40
16	14	55	0.87	38	33	132	0.36
18	15.5	62	0.81	40	34.5	139	0.32
20	17	69	0.75	42	36.5	146	0.29
22	19	76	0.70	44	38	153	0.26
24	21	83	0.65	46	40	160	0.23
26	22.5	90	0.60	48	41.5	167	0.21
28	24	97	0.56	50	43	174	0.19

注：表中 l_0—构件计算长度；b—矩形截面的短边尺寸；d—圆形截面的直径；i—截面最小回转半径。

（2）截面设计。已知轴心压力设计值 N，材料强度设计值 f_c、f_y'，构件的计算长度 l_0，构件截面尺寸 $b\times h$，求纵向受压钢筋的面积 A_s'。

1）由构件的长细比求出稳定系数 φ。

2)代入式(5-1)得：

$$A'_s = \frac{\dfrac{N}{0.9\varphi} - f_c A}{f'_y} \tag{5-2}$$

3)对照构造要求选配钢筋，并参照表5.2验算最小配筋率要求。

(3)截面复核。截面复核步骤比较简单，因为只需将已知相关参数代入式(5-1)即可。若该式成立，则说明截面安全；否则，为不安全。

表5.2　纵向受力钢筋的最小配筋率　　　　　　　　　　　　　　%

受力类型		最小配筋率
受压构件	全部纵向钢筋　强度等级500 MPa	0.50
	全部纵向钢筋　强度等级400 MPa	0.55
	全部纵向钢筋　强度等级300 MPa、335 MPa	0.60
	一侧纵向钢筋	0.20
受弯构件、偏心构件、轴心受拉构件一侧的受拉钢筋		0.2和$45f_t/f_y$中的较大值

注：1. 对于受压构件全部纵向钢筋最小配筋率，当采用C60以上强度等级的混凝土时，应按表中规定增加0.10。

2. 板类受弯构件(不包括悬臂板)的受拉钢筋，当采用强度等级400 MPa、500 MPa的钢筋时，其最小配筋率应允许采用0.15和$45f_t/f_y$中的较大值。

3. 偏心受拉构件中的受压钢筋，应按受压构件一侧纵向钢筋考虑。

4. 受压构件的全部纵向钢筋和一侧纵向钢筋的配筋率以及轴心受拉构件和小偏心受拉构件一侧受拉钢筋的配筋率均应按构件的全截面面积计算。

5. 受弯构件、大偏心受拉构件一侧受拉钢筋的配筋率应按全截面面积扣除受压翼缘面积$(b'_f-b)h'_f$后的截面面积计算。

6. 当钢筋沿构件截面周边布置时，"一侧纵向钢筋"是指沿受力方向两个对边中一边布置的纵向钢筋。

【例5-1】　某多层现浇钢筋混凝土框架结构房屋，层高3.6 m，其中KZ1柱承受轴向压力设计值$N=2\,400$ kN。混凝土强度等级为C25，采用HRB335级钢筋。试设计该柱截面尺寸并确定纵筋面积。

【解】　本例题属于截面设计类。

(1)初步确定截面形式和尺寸。由于是轴心受压构件，截面形式选用正方形。

混凝土强度等级为C25，$f_c=11.9$ N/mm²；HRB335级钢筋，$f'_y=300$ N/mm²，假定$\rho'=3\%$，$\varphi=0.9$，估算截面面积：

$$A \geqslant \frac{N}{0.9\varphi(f_c+f'_y\rho')} = \frac{2\,400\times10^3}{0.9\times0.9\times(11.9+0.03\times300)} = 141\,768.0(\text{mm}^2)$$

$$b=h=\sqrt{A}\geqslant376 \text{ mm}$$

选截面尺寸为400 mm×400 mm。

(2)计算受压纵筋面积。

$l_0=1.25H$，$l_0/b=1.25\times3.6/0.4=11.25$，查表5.1可得$\varphi=0.961$，故

$$A'_s=\frac{\dfrac{N}{0.9\varphi}-f_c A}{f'_y}=\frac{\dfrac{2\,400\times10^3}{0.9\times0.961}-11.9\times400\times400}{300}=2\,902.0(\text{mm}^2)$$

（3）选配钢筋。选配纵筋 8Φ22，实配纵筋面积 $A_s'=3\,041\ \text{mm}^2$。

$$\rho'=A_s'/A=3\,041/160\,000=1.9\%>\rho'_{\min}=0.6\%$$

满足配筋率要求。

按构造要求，选配箍筋 Φ8@300，截面配筋图如图 5.4 所示。

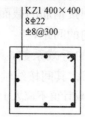

KZ1 400×400
8Φ22
Φ8@300

图 5.4　截面配筋图

二、间接钢筋轴心受压柱的受力性能与承载力计算

当轴心受压构件承受的轴向压力较大，而构件截面尺寸由于其他要求受到限制时，此时即使提高混凝土强度等级和增加普通纵筋用量仍不能满足承载力计算要求，可采用螺旋式或焊接环式箍筋柱，以提高构件的承载能力，其中由螺旋式或焊接环式箍筋所包围的面积（按内径计算）即图 5.5 中阴影部分，称为核心面积 A_{cor}。螺旋式或焊接环式箍筋也称为"间接钢筋"。这种柱的截面形状一般为圆形或正多边形。由于这种柱的施工比较复杂，造价较高，用钢量较大，一般不宜普遍采用。

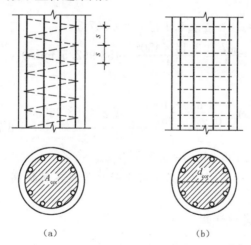

（a）　　　　　　　　（b）

图 5.5　间接钢筋柱的配筋构造

（a）螺旋式箍筋柱；（b）焊接环式箍筋柱

间接钢筋所包围的核心截面混凝土处于三向受压状态，其实际抗压强度因间接钢筋的套箍作用高于混凝土轴心抗压强度。这类配筋柱在进行承载力计算时，要考虑横向箍筋的作用。

配有间接钢筋的轴心受压柱的正截面承载力计算公式为：

$$N\leqslant 0.9(f_c A_{\text{cor}}+f_y'A_s'+2\alpha f_{\text{yv}}A_{\text{ss0}})\tag{5-3}$$

$$A_{\text{ss0}}=\frac{\pi d_{\text{cor}}A_{\text{ss1}}}{s}\tag{5-4}$$

式中 f_{yv}——间接钢筋的抗拉强度设计值；

$\quad\quad A_{cor}$——构件的核心截面面积：取间接钢筋内表面范围内的混凝土截面面积；

$\quad\quad A_{ss0}$——螺旋式或焊接环式间接钢筋的换算截面面积；

$\quad\quad d_{cor}$——构件的核心截面直径：取间接钢筋内表面之间的距离；

$\quad\quad A_{ss1}$——螺旋式或焊接环式单根间接钢筋的截面面积；

$\quad\quad s$——间接钢筋沿构件轴线方向的间距；

$\quad\quad \alpha$——间接钢筋对混凝土约束的折减系数，当混凝土强度等级不超过 C50 时，取 1.0；为 C80 时，取 0.85；其间按线性内插法确定。

注：1. 按式(5-3)算得的构件受压承载力设计值不应大于按式(5-1)算得的构件受压承载力设计值的 1.5 倍。

2. 当遇到下列任意一种情况时，不应计入间接钢筋的影响，而应按式(5-1)进行计算。

1)当 $l_0/d > 12$ 时。

2)当按式(5-3)算得的受压承载力小于按式(5-1)算得的受压承载力时。

3)当间接钢筋的换算截面面积 A_{ss0} 小于纵向普通钢筋的全部截面面积的 25% 时。

【例 5-2】 某圆形钢筋混凝土柱，直径为 450 mm，承受轴向压力设计值 $N = 4\,680$ kN，计算长度 $l_0 = H = 4.5$ m，混凝土强度等级为 C30，柱中纵筋和箍筋分别采用 HRB400 级和 HRB335 级钢筋，试进行该柱配筋计算。

【解】 (1)按普通箍筋柱计算。

$f_c = 14.3$ N/mm²；HRB400 级钢筋，$f_y = f'_y = 360$ N/mm²；HRB335 级钢筋，$f_y = 300$ N/mm²

由 $l_0/d = 4\,500/450 = 10$，查表 5.1 得 $\varphi = 0.957\,5$

圆柱截面面积为：$A = \dfrac{\pi d^2}{4} = \dfrac{3.14 \times 450^2}{4} = 158\,962.5\,(\text{mm}^2)$

由式(5-2)得：

$$A'_s = \frac{\dfrac{N}{0.9\varphi} - f_c A}{f'_y} = \frac{\dfrac{4\,680 \times 10^3}{0.9 \times 0.957\,5} - 14.3 \times 158\,962.5}{360} = 8\,771.24\,(\text{mm}^2)$$

$\rho' = A'_s/A = 8\,771.24/158\,962.5 = 5.52\% > \rho_{max} = 5\%$

配筋率太高，因 $l_0/d = 10 < 12$，若混凝土强度等级不再提高，则可改配螺旋箍筋，以提高柱的承载力。

(2)按配有螺旋式箍筋柱计算。

假定 $\rho' = 3\%$，则：

$A'_s = 0.03A = 0.03 \times 158\,962.5 = 4\,768.88\,(\text{mm}^2)$

选配纵筋为 10$\underline{\Phi}$25，实际 $A'_s = 4\,909$ mm²

一类环境，$c = 30$ mm，假定螺旋箍筋直径为 14 mm，则 $A_{ss1} = 153.9$ mm²

混凝土核心截面直径为 $d_{cor} = 450 - 2 \times (30 + 14) = 362\,(\text{mm})$

混凝土核心截面面积为 $A_{cor} = \dfrac{\pi d_{cor}^2}{4} = \dfrac{3.14 \times 362^2}{4} = 102\,869.5\,(\text{mm}^2)$

由式(5-3)得：

$$A_{ss0} = \frac{\dfrac{N}{0.9} - (f_c A_{cor} + f'_y A'_s)}{2\alpha f_{yv}} = \frac{\dfrac{4\,680 \times 10^3}{0.9} - 14.3 \times 102\,869.5 - 360 \times 4\,909}{2 \times 1 \times 300} = 3\,269.5\,(\text{mm}^2)$$

因 $A_{ss0}>0.25A_s'$，满足构造要求。

$$s=\frac{\pi d_{cor}A_{ss1}}{A_{ss0}}=\frac{3.14\times362\times153.9}{3\,269.5}=53.5(mm)$$

取 $s=50$ mm，满足 40 mm $\leqslant s\leqslant\max(80$ mm，$0.2d_{cor}=0.2\times362=72$ mm$)$ 的要求。
则

$$A_{ss0}=\frac{\pi d_{cor}A_{ss1}}{s}=\frac{3.14\times362\times153.9}{50}=3\,498.7(mm^2)$$

按式(5-3)复核：
$N_u=0.9(f_cA_{cor}+f_y'A_s'+2\alpha f_{yv}A_{ss0})=0.9\times(14.3\times102\,869.5+360\times4\,909+2\times1\times$
$300\times3\,498.7)=4\,803.74$ kN$>N=4\,680$ kN

按式(5-1)计算：
$N_u=0.9\varphi(f_cA+f_y'A_s')=0.9\times0.957\,5\times(14.3\times158\,962.5+360\times4\,909)$
$\quad=3\,481.81(kN)$

$$N/N_u=4\,680/3\,481.8=1.344<1.5$$

故满足设计要求。

第三节　偏心受压构件

一、偏心受压构件破坏形态及其特征

偏心受压构件的破坏特征，主要与压力的相对偏心距 e_0/h_0（e_0 为压力的偏心距，h_0 为截面的有效高度）、纵向钢筋的配筋率、材料的强度有关。其可分为大偏心受压构件和小偏心受压构件两种类型。

1. 大偏心受压(受拉破坏)

当偏心率较大且受拉钢筋不是太多时，远离轴向力一侧的钢筋先受拉屈服，然后近轴向力一侧的混凝土被压碎，称为大偏心受压破坏。由于大偏心受压破坏时受拉钢筋先屈服，因此又称受拉破坏，其破坏特征与钢筋混凝土双筋截面适筋梁的破坏相似，属于延性破坏。

2. 小偏心受压(受压破坏)

当偏心率很小或受拉钢筋布置过多时，构件截面一侧混凝土的应变达到极限压应变，混凝土被压碎，该侧的受压钢筋屈服；另一侧的钢筋受拉但不屈服，或处于受压状态(此时全截面受压)，称为小偏心受压破坏。这种破坏特征与超筋的双筋受弯构件或轴心受压构件相似，无明显的破坏预兆，属脆性破坏。由于构件破坏起因于混凝土压碎，所以也称受压破坏。

3. 大、小偏心受压的分界

大、小偏心受压构件破坏特征的相同之处是受压区边缘的混凝土都被压碎；不同之处是大偏心受压构件破坏时受拉钢筋能屈服，而小偏心受压构件的受拉钢筋不屈服或处于受压状态。由此可见，大、小偏心受压破坏的界限是当受拉钢筋应力达到屈服强度，受压区混凝土的应变达到极限压应变而被压碎。这类似于适筋梁与超筋梁的界限，故而大、小偏心受压的界限受压区高度也与受弯构件相同：$x_b = \xi_b h_0$。当 $x \leqslant \xi_b h_0$ 时为大偏心受压；当 $x > \xi_b h_0$ 时为小偏心受压。

4. 纵向弯曲对偏心受压构件承载能力的影响

钢筋混凝土偏心受压构件在偏心轴向力的作用下将产生弯曲变形，产生侧向附加挠度，使临界截面的轴向力偏心距增大，从而导致出现附加弯矩，这种现象称为偏心受压构件的纵向弯曲，产生的附加弯矩也称为二阶弯矩。对于长细比较小的"短柱"，由于纵向弯曲很小，附加弯矩可以忽略不计；对于长细比较大的"长柱"，纵向弯曲的影响则不能忽略，由于附加弯矩的影响，导致其承载力比相同截面的短柱要低；对于长细比更大的细长柱，在外部荷载较小时，其受力特征与长柱类似，但随着荷载增加到某一临界值时，构件却丧失稳定而破坏，失稳破坏时，构件中钢筋的应力并未达到屈服强度。受压混凝土的压应力也较小。可见，发生失稳破坏时，材料的强度得不到充分利用。设计时，应适当增加截面尺寸，或采取构造措施减小柱的计算长度，避免出现失稳破坏。

在计算偏心受压长柱时，通过调整弯矩设计值来考虑纵向弯曲的影响。

二、矩形截面偏心受压构件正截面承载力计算

1. 基本计算公式

（1）大偏心受压构件。承载能力极限状态时，大偏心受压构件中的受拉和受压钢筋应力都能达到屈服强度，根据截面力和力矩的平衡条件[图 5.6(a)]，大偏心受压构件正截面承载能力计算的基本公式为：

$$N \leqslant \alpha_1 f_c bx + f'_y A'_s - f_y A_s \tag{5-5}$$

$$Ne \leqslant \alpha_1 f_c bx \left(h_0 - \frac{x}{2}\right) + f'_y A'_s (h_0 - a'_s) \tag{5-6}$$

$$e = e_i + \frac{h}{2} - a_s \tag{5-7}$$

$$e_i = e_0 + e_a \tag{5-8}$$

式中　e——轴向压力作用点至纵向普通受拉钢筋合力点的距离；

　　　e_i——初始偏心距；

　　　a_s——纵向普通受拉钢筋合力点至截面近边缘的距离；

　　　e_0——轴向压力对截面重心的偏心距：$e_0 = M/N$，当需要考虑二阶效应时，M 为考虑二阶效应后的弯矩设计值；

　　　e_a——附加偏心距，采用它的目的是考虑荷载作用位置的不确定性、混凝土质量的不均匀性以及构件尺寸偏差等因素产生的偏心距的增大；取 20 mm 和 $h/30$ 中的较大值，h 为偏心方向截面最大尺寸。

适用条件：

为了保证受压钢筋 A'_s 应力达到 f'_y，受拉钢筋 A_s 应力达到 f_y，构件截面的相对受压区高度应符合下列条件：

$$2a'_s \leqslant x \leqslant \xi_b h_0 \tag{5-9}$$

当 $x = \xi_b h_0$ 时为大、小偏心受压的界限[图 5.6(b)]，将 $x = \xi_b h_0$ 代入式(5-5)可得到界限破坏时的轴向力 N_b：

$$N_b = \alpha_1 f_c \xi_b bh_0 + f'_y A'_s - f_y A_s \tag{5-10}$$

由上式可见，界限轴向力的大小只与构件的截面尺寸、材料强度和截面的配筋情况有关。当截面尺寸、配筋面积及材料强度已知时，N_b 为定值。如作用在截面上的轴向力设计值 $N \leqslant N_b$，则为大偏心受压构件；若 $N > N_b$，则为小偏心受压构件。

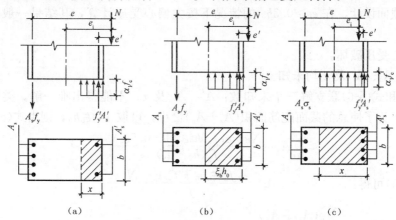

图 5.6 矩形截面偏心受压构件正截面承载能力计算图式

(a)大偏心受压；(b)界限偏心受压；(c)小偏心受压

(2)小偏心受压构件。对于矩形截面小偏心受压构件而言，由于距离轴力较远一侧纵筋受拉不屈服或处于受压状态，其应力大小与受压区高度有关，而在构件截面配筋计算中受压区高度也是未知的：

$$N \leqslant \alpha_1 f_c bx + f'_y A'_s - \sigma_s A_s \tag{5-11}$$

$$Ne \leqslant \alpha_1 f_c bx \left(h_0 - \frac{x}{2}\right) + f'_y A'_s (h_0 - a'_s) \tag{5-12}$$

或

$$Ne' \leqslant \alpha_1 f_c bx \left(\frac{x}{2} - a'_s\right) + \sigma_s A_s (h_0 - a'_s) \tag{5-13}$$

$$e' = \frac{h}{2} - e_i - a'_s \tag{5-14}$$

式中　e'——轴力到受压钢筋合力点之间的距离；

σ_s——受拉边或者受压较小一侧钢筋 A_s 的应力，可取：

$$\sigma_s = \frac{\xi - \beta_1}{\xi_b - \beta_1} f_y \tag{5-15}$$

根据小偏心受压的受力特点，按上式算得的钢筋应力应符合下列条件：

$$-f'_y \leqslant \sigma_s \leqslant f_y \tag{5-16}$$

当压力偏心距很小，且压力近侧的纵筋多于远侧时，构件的压坏有可能发生在压力远侧，为了防止这种情况的破坏，对于矩形截面非对称配筋的小偏心受压构件，当 $N > f_c bh$ 时，尚应按下列公式进行验算：

$$N\left[\frac{h}{2} - a'_s - (e_0 - e_a)\right] \leqslant \alpha_1 f_c bh \left(h'_0 - \frac{h}{2}\right) + f'_y A_s (h'_0 - a_s) \tag{5-17}$$

2. 计算步骤

(1)截面设计。

1)大、小偏心受压的判别方法。如前所述，大、小偏心的界限为：$x \leqslant \xi_b h_0$ 为大偏心受压；$x > \xi_b h_0$ 为小偏心受压。但在截面配筋计算时，受压区高度 x 未知。此时，可先根据轴向压力的偏心距大小来进行初步判别：

当 $e_i \leqslant 0.3h_0$ 时，为小偏心受压；

当 $e_i > 0.3h_0$ 时，可先按大偏心受压计算，若 A_s 配置过多，也可能转为小偏心受压情况。但对于截面设计，在 $e_i > 0.3h_0$ 的情况下按大偏心受压计算，其结果一般能满足 $x \leqslant \xi_b h_0$ 的条件。

2）大偏心受压破坏。

情况 1：A_s'、A_s 及 x 均未知。

式(5-5)和式(5-6)联立解三个未知数：A_s'、A_s 及 x，不能得出唯一解。类似于双筋受弯构件一样，为了使总的截面配筋面积($A_s' + A_s$)最小，可取 $x = \xi_b h_0$，则由式(5-6)可得：

$$A_s' = \frac{Ne - \alpha_1 f_c b h_0^2 \xi_b (1 - 0.5\xi_b)}{f_y'(h_0 - a_s')} \tag{5-18}$$

由式(5-5)可得：

$$A_s = \frac{\alpha_1 f_c b \xi_b h_0 + f_y' A_s' - N}{f_y} \tag{5-19}$$

验算配筋率：$\rho = \dfrac{\sum(A_s + A_s')}{bh} < \rho_{max} = 5\%$

$$\rho > \rho_{min}$$

$$\rho_{侧} > \rho_{侧,min} \tag{5-20}$$

式中　ρ——全部纵筋的配筋率；

　　　$\rho_{侧}$——受拉或者受压一侧钢筋的配筋率；

$\rho_{侧,min}$ 和 ρ_{min} 按表 5.2 取值，当配筋率不满足最小配筋率要求时，其值取最小配筋率。

情况 2：A_s' 为已知，A_s 和 x 未知。

式(5-5)和式(5-6)联立解两个未知数：A_s 和 x，因解 x 时是一个一元二次方程，在计算中需注意 x 的取舍。若求得 $x > \xi_b h_0$，则应按 A_s' 未知的情况重新计算，若 $x < 2a_s'$，类似于双筋受弯构件的做法，不考虑受压区混凝土作用，取 $x = 2a_s'$ 对受压钢筋合力点取矩，求得：

$$A_s = \frac{N\left(e_i - \dfrac{h}{2} + a_s'\right)}{f_y(h_0 - a_s')}$$

3）小偏心受压破坏。小偏心受压应满足 $\xi > \xi_b$ 和 $-f_y' \leqslant \sigma_s \leqslant f_y$ 两个条件。小偏心受压构件破坏时，远侧钢筋 A_s 无论受压或者受拉，一般均未达到设计强度 f_y 或者 f_y'，当纵筋 A_s 的应力达到受压屈服时($\sigma_s = -f_y'$)，由式(5-15)可计算此时的受压区高度为：

$$\xi_{cy} = 2\beta_1 - \xi_b \tag{5-21}$$

当 $\xi_b < \xi < \xi_{cy}$ 时，无论 A_s 配筋多少，一般总是不屈服的，为了使用钢量最小，可按最小配筋率配置 A_s，取 $A_s = \rho_{min}bh = 0.002bh$，利用式(5-13)、式(5-15)求出 ξ 和 σ_s。

①若满足 $\xi_b < \xi < \xi_{cy}$，则按式(5-12)求出 A_s'。

②若 $\xi \leqslant \xi_b$，则按大偏心受压计算。

③如果 $\xi_{cy} \leqslant \xi \leqslant h/h_0$，此时 A_s 钢筋已屈服，取 $\sigma_s = -f_y'$，利用式(5-12)和式(5-13)求 A_s 和 A_s'。并按式(5-16)验算反向破坏的截面承载能力。

④如果 $h/h_0 < \xi$，此时全截面受压，取 $\xi = h/h_0$ 和 $\sigma_s = -f_y'$，利用式(5-12)和式(5-13)求 A_s 和 A_s'，并按式(5-16)验算反向破坏的截面承载能力。

⑤运用式(5-19)验算配筋率的要求。

(2)截面复核。截面复核时，通常截面尺寸 $b \times h$、配筋面积 A_s 和 A_s'，材料强度及计算

长度 l_0 均为已知，按下面两种情况进行计算。

情况 1：给定偏心距 e_0，求轴向力设计值 N。

可先按大偏心受压的情况，对 N 作用点取矩：

$$\alpha_1 f_c bx\left(e_i-\frac{h}{2}+\frac{x}{2}\right)+f_y'A_s'\left(e_i-\frac{h}{2}+a_s'\right)=f_yA_s\left(e_i+\frac{h}{2}-a_s\right) \tag{5-22}$$

解此方程求出 x。

若 $2a_s'\leqslant x\leqslant\xi_b h_0$ 时为大偏心受压，代入式(5-5)求出 N。

若 $x<2a_s'$，取 $x=2a_s'$，按下列公式计算 N：

$$N=\frac{f_yA_s(h_0-a_s')}{e_i-\dfrac{h}{2}+a_s'}$$

若 $\xi_b h_0<x$，则为小偏心受压，此时按小偏心受压矩形内力图对 N 点求矩，求出 x，然后利用式(5-15)求 σ_s；若 $\xi\leqslant\xi_{cy}$，则将 x 代入式(5-12)求 N；若 $h\geqslant\xi\geqslant\xi_{cy}$，则令 $\sigma_s=-f_y'$，代入式(5-12)求 N；若 $\xi>h/h_0$，取 $\sigma_s=-f_y'$，$\xi=h/h_0$，利用式(5-13)求 N。此时，小偏心受压破坏中，因可能受压破坏开始于远离轴向力一侧的混凝土，应按照式(5-16)计算 N，并取两者中较小值作为构件的承载力。

情况 2：给定轴力设计值 N，求弯矩设计值 M。

可先按大偏心受压进行计算，由式(5-5)得：

$$x=\frac{N-f_y'A_s'+f_yA_s}{\alpha_1 f_c b}$$

若 $x\leqslant\xi_b h_0$，则为大偏心受压，将 x 代入式(5-6)可求得 e，从而求得 $M=Ne_0$；

若 $x>\xi_b h_0$，则为小偏心受压，利用式(5-11)和式(5-15)求出 x，再代入式(5-12)得到 e_0。

【例 5-3】 已知一偏心受压构件，处于一类环境，截面尺寸为 $450\ \text{mm}\times450\ \text{mm}$，柱的计算长度为 $3.3\ \text{m}$，选用混凝土强度等级为 C35 和 HRB400 级钢筋，承受轴力设计值为 $N=3\ 500\ \text{kN}$，考虑二阶效应后弯矩设计值为 $M=111.3\ \text{kN}\cdot\text{m}$，求该柱的截面配筋 A_s 和 A_s'。

【解】 本例题属于截面设计类。

(1)基本参数。C35 混凝土，$f_c=16.7\ \text{N/mm}^2$；HRB400 级钢筋，$f_y=f_y'=360\ \text{N/mm}^2$；$\alpha_1=1.0$，$\xi_b=0.518$，一类环境，$c=30\ \text{mm}$，$a_s=a_s'=c+d/2=40\ \text{mm}$，$h_0=h-a_s=450-40=410\ \text{mm}$。

(2)计算 e_i，判断截面类型。

$$e_0=\frac{M}{N}=\frac{111.3}{3.5}=31.8(\text{mm}),\quad \frac{l_0}{h}=\frac{3.3}{0.45}=7.33$$

$$e_a=\max\left\{\frac{h}{30},\ 20\right\}=20(\text{mm}),\quad e_i=e_0+e_a=31.8+20=51.8(\text{mm})$$

$e_i=51.8\ \text{mm}<0.3h_0=0.3\times410=123\ \text{mm}$

因此，该构件为小偏心受压构件。

(3)计算 A_s 和 A_s'。

$$e=e_i+\frac{1}{2}h-a_s=51.8+0.5\times450-40=236.8(\text{mm})$$

$$e'=\frac{1}{2}h-e_i-a_s'=0.5\times450-51.8-40=133.2(\text{mm})$$

小偏心受压远离轴向力一侧的钢筋不屈服，为使配筋较少，令：

$A_s=\rho_{\min}bh=0.002\times450\times450=405(\text{mm}^2)$，选3$\Phi$14钢筋，实配 $A_s=462\text{ mm}^2$。

则受压区高度 $x=410.7$ mm，满足 $\xi_b\leqslant\xi\leqslant\xi_{cy}$ 的条件。

$$A_s'=\frac{Ne-\alpha_1f_cbx(h_0-\frac{x}{2})}{f_y'(h_0-a_s')}=\frac{35\times10^5\times236.8-1.0\times16.7\times450\times410.7\times(410-0.5\times410.7)}{360\times(410-40)}$$

$$=1472(\text{mm}^2)$$

选配4Φ22钢筋，$A_s'=1536\text{ mm}^2$，满足配筋面积和构造要求。

(4)验算垂直于弯矩作用平面的轴心抗压承载能力。

由 $l_0/b=7.33$，查表得 $\varphi=1.0$，配筋率小于3%。

$N=0.9\varphi(f_cbh+f_yA_s+f_y'A_s')=3691\text{ kN}>3500\text{ kN}$，安全。

【例5-4】 已知一偏心受压构件，处于一类环境，截面尺寸为 400 mm×500 mm，柱的计算长度为 6 m，选用混凝土强度等级为 C30 和 HRB335 级钢筋，$A_s=1016\text{ mm}^2$，$A_s'=1256\text{ mm}^2$，轴力设计值为 $N=2600$ kN。求该柱能承受的弯矩设计值。

【解】 本例题属于截面复核类。

(1)基本参数。C30 混凝土，$f_c=14.3\text{ N/mm}^2$；HRB335 级钢筋，$f_y=f_y'=300\text{ N/mm}^2$；$\alpha_1=1.0$，$\beta_1=0.8$，$\xi_b=0.55$，一类环境，$c=30$ mm，$a_s=a_s'=c+d/2=40$ mm，$h_0=h-a_s=500-40=460$ mm。

(2)判断截面类型。按大偏心受压计算：

$$x=\frac{N-f_y'A_s'+f_yA_s}{\alpha_1f_cb}=\frac{2600\times10^3-1256\times300+1016\times300}{1.0\times14.3\times400}=442\text{ mm}>\xi_bh_0=0.55\times460=253\text{ mm}$$

因此，实际为小偏心受压构件。

(3)验算垂直于弯矩作用平面的轴心受压承载能力。

$l_0/b=6/0.4=15$，查表得：$\varphi=0.895$；经计算，配筋率小于3%。

$N=0.9\varphi[f_cbh+f_y'(A_s+A_s')]=0.9\times0.895\times[14.3\times400\times500+300\times(1256+1016)]=2853(\text{kN})$，安全。

(4)计算 e_i，计算 M。

$$\frac{x}{h_0}=\frac{N-f_y'A_s'-\frac{0.8}{\xi_b-0.8}f_yA_s}{\alpha_1f_cbh_0-\frac{1}{\xi_b-0.8}f_yA_s}=0.83$$

$$x=0.83\times460=382\text{ mm}<\xi_{cy}h_0$$

$$e=\frac{\alpha_1f_cbx(h_0-0.5x)+f_y'A_s'(h_0-a_s')}{N}$$

$$=\frac{1.0\times14.3\times400\times382\times(460-0.5\times382)+300\times1256\times(460-40)}{2600\times10^3}=286.9(\text{mm})$$

$$e_i=e-\frac{1}{2}h+a_s'=286.9-250+40=76.9(\text{mm})$$

$$e_0=e_i-e_a=76.9-20=56.9(\text{mm})$$

截面能够承受的弯矩设计值为 $M = 2\,600 \times 56.9 \times 10^{-3} = 148 (\text{kN} \cdot \text{m})$。

三、对称截面配筋承载力计算

在实际工程中，偏心受压构件在不同荷载组合作用下，可能承受变号弯矩，即在一种荷载组合下受拉部分在另外一种荷载组合下受压。为了便于设计和施工，常采用对称配筋的方式。装配式柱为了保证吊装不出错，也常采用对称式配筋。所谓对称配筋，是指 $A_s' = A_s$，$f_y' = f_y$。

(1)判别偏心情况。将 $f_y' A_s' = f_y A_s$ 代入式(5-5)可得：

$$x = \frac{N}{\alpha_1 f_c b} \tag{5-23}$$

若 $x \leqslant \xi_b h_0$，则为大偏心受压；若 $x > \xi_b h_0$，则为小偏心受压。

(2)大偏心受压情况。若 $2a_s' \leqslant x \leqslant \xi_b h_0$，对 A_s 合力中心取矩，并代入式(5-22)得到：

$$A_s' = A_s = \frac{N(e_i - h/2 + x/2)}{f_y'(h_0 - a_s')} \tag{5-24}$$

若 $x < 2a_s'$，可按不对称配筋方法处理。

(3)小偏心受压情况。联立式(5-11)、式(5-12)、式(5-14)可得：

$$\frac{Ne}{\alpha_1 f_c b h_0^2}\left(\frac{\xi_b - \xi}{\xi_b - \beta_1}\right) - \left(\frac{N}{\alpha_1 f_c b h_0^2} - \frac{\xi}{h_0}\right)(h_0 - a_s') = \xi(1 - 0.5\xi)\frac{\xi_b - \xi}{\xi_b - \beta_1} \tag{5-25}$$

设等式右边 $\xi(1 - 0.5\xi)\dfrac{\xi_b - \xi}{\xi_b - \beta_1} = B$，根据 B 和 ξ 的关系曲线，近似取：

$$0.43\frac{\xi_b - \xi}{\xi_b - \beta_1} = B \tag{5-26}$$

则式(5-25)推导为：

$$\frac{Ne}{\alpha_1 f_c b h_0^2}\left(\frac{\xi_b - \xi}{\xi_b - \beta_1}\right) - \left(\frac{N}{\alpha_1 f_c b h_0^2} - \frac{\xi}{h_0}\right)(h_0 - a_s') = 0.43\frac{\xi_b - \xi}{\xi_b - \beta_1} \tag{5-27}$$

经整理后：

$$\xi = \frac{N - \xi_b \alpha_1 f_c b h_0}{\dfrac{Ne - 0.43\alpha_1 f_c b h_0^2}{(\beta_1 - \xi_b)(h_0 - a_s')} + \alpha_1 f_c b h_0} + \xi_b \tag{5-28}$$

将上式代入式(5-12)得到：

$$A_s' = A_s = \frac{Ne - \xi(1 - 0.5\xi)\alpha_1 f_c b h_0^2}{f_y'(h_0 - a_s')} \tag{5-29}$$

对称配筋的截面复核取 $A_s' = A_s$，$f_y' = f_y$，按不对称配筋的方法进行。

【例 5-5】 已知一偏心受压构件，处于一类环境，截面尺寸为 $300\,\text{mm} \times 500\,\text{mm}$，其计算长度为 4 m，选用混凝土强度等级为 C35 和 HRB400 级钢筋，轴力设计值为 $N = 500\,\text{kN}$，考虑二阶效应后弯矩设计值为 $M = 210.5\,\text{kN} \cdot \text{m}$，求对称配筋面积。

【解】 (1)基本参数。C35 混凝土，$f_c = 16.7\,\text{N/mm}^2$；HRB400 级钢筋，$f_y = f_y' = 360\,\text{N/mm}^2$；$\alpha_1 = 1.0$，$\xi_b = 0.52$，一类环境，$c = 30\,\text{mm}$，$a_s = a_s' = c + d/2 = 40\,\text{mm}$，$h_0 = h - a_s = 500 - 40 = 460\,\text{mm}$。

(2)判断截面类型。

$N_b = \alpha_1 f_c \xi_b b h_0 = 1.0 \times 16.7 \times 0.52 \times 300 \times 460 = 1\,198\,392\,\text{N} = 1\,198.392\,\text{kN} > N = 500\,\text{kN}$

因此，该构件为大偏心受压。

(3)计算 e_i。

$$e_0 = \frac{M}{N} = \frac{210.5}{500} = 0.421(\text{m}) = 421(\text{mm}), \quad \frac{l_0}{h} = \frac{4}{0.5} = 8$$

$$e_a = \max\left\{\frac{h}{30}, 20\right\} = 20 \text{ mm}, \quad e_i = e_0 + e_a = 421 + 20 = 441(\text{mm})$$

(4)计算 A_s 和 A_s'。

$$x = \frac{N}{\alpha_1 f_c b} = \frac{500 \times 10^3}{1.0 \times 16.7 \times 300} = 99.8 \text{ mm} > 2a_s' = 80 \text{ mm}$$

$$e = e_i + \frac{h}{2} - a_s = 441 + 250 - 40 = 651(\text{mm})$$

则

$$A_s' = \frac{Ne - \alpha_1 f_c bx(h_0 - 0.5x)}{f_y'(h_0 - a_s')} = \frac{500 \times 10^3 \times 651 - 1.0 \times 16.7 \times 300 \times 99.8 \times (460 - 0.5 \times 99.8)}{360 \times (460 - 40)}$$

$$= 796.60 \text{ mm}^2 > \rho_{\min}' bh$$

受拉和受压钢筋选用 4Φ16($A_s = A_s' = 804 \text{ mm}^2$)，满足构造要求。

第四节　钢筋混凝土受拉构件

钢筋混凝土受拉构件可分为轴心受拉构件和偏心受拉构件两类。当轴向拉力作用线与构件截面形心轴线重合时，称为轴心受拉构件；当轴向拉力作用线偏离构件截面形心轴线或构件上既作用有轴向拉力，又同时作用有弯矩时，则称为偏心受拉构件。如圆形水池的池壁、钢筋混凝土屋架的下弦杆等就是轴心受拉构件，如图 5.7 所示；矩形水池的池壁、承受节间荷载的桁架下弦杆则是偏心受拉构件。

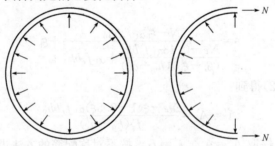

图 5.7　受拉构件工程实例

一、轴心受拉构件

1. 轴心受拉构件的受力特点

与适筋受弯构件相似，轴心受拉构件从开始加载到破坏，其受力过程也可分为以下三个受力阶段：

(1)混凝土开裂前。当外部荷载较小时，钢筋和混凝土的变形处于弹性阶段，应力和应变成正比。随着荷载的增大，混凝土出现塑性变形，应力增加的速度小于应变增加的速度。随着荷载继续增大，混凝土即将开裂。

(2)混凝土开裂后。随着荷载的增加，构件出现与轴线垂直的裂缝并逐渐贯穿整个截面，混凝土退出工作，所有外部荷载由钢筋承担。

(3)破坏阶段。随着荷载的增加，裂缝继续发展，当钢筋应力达到其抗拉强度时，构件破坏。

2. 轴心受拉构件正截面承载力计算

轴心受拉构件破坏时，混凝土不承受拉力，全部拉力由钢筋来承受，故轴心受拉构件正截面承载力计算公式如下：

$$N \leqslant A_s f_y \tag{5-30}$$

式中　N——轴向拉力设计值；

　　　A_s——受拉钢筋截面面积；

　　　f_y——钢筋抗拉强度设计值。

为了防止发生少筋破坏，应满足：

$$A_s \leqslant \rho_{\min} bh$$

二、偏心受拉构件

1. 偏心受拉构件的分类

根据偏心拉力 N 的作用位置不同，可以将偏心受拉构件分为大偏心受拉构件和小偏心受拉构件两种。

(1)当纵向拉力 N 作用在 A_s 合力点与 A'_s 合力点之间时[图5.8(a)]，构件破坏时截面全部裂通，拉力完全由钢筋承担，构件的破坏取决于 A_s 和 A'_s 的抗拉强度，这类情况称为小偏心受拉。

(2)当纵向拉力 N 作用在 A_s 和 A'_s 外侧时[图5.8(b)]，构件截面 A_s 一侧受拉，A'_s 一侧受压，破坏时截面部分开裂但不会裂通，构件的破坏取决于 A_s 的抗拉强度或混凝土受压区的抗压能力，这类情况称为大偏心受拉。

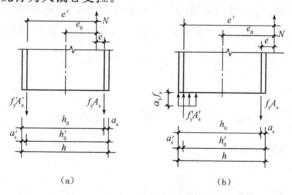

(a)　　　　　　　　　　　　(b)

图5.8　大小偏心受拉构件

(a)小偏心受拉；(b)大偏心受拉

可见，大、小偏心受拉构件的本质界限是构件截面上是否存在受压区。由于截面上受压区的存在与否与轴向拉力 N 作用点的位置有直接关系，所以在实际设计中以轴向拉力 N 的作用点在钢筋 A_s 和 A'_s 之间或钢筋 A_s 和 A'_s 之外，作为判定大、小偏心受拉的界限，即：

(1)当偏心距 $e_0 \leqslant h/2 - a_s$ 时，属于小偏心受拉构件。

（2）当偏心距 $e_0 > h/2 - a_s$ 时，属于大偏心受拉构件。

2. 小偏心受拉构件正截面承载力计算

小偏心受拉构件正截面承载力计算，如图 5.8（a）所示。根据平衡条件，可得到矩形截面小偏心受拉构件正截面承载力的基本计算公式：

$$Ne' \leqslant f_y A_s (h_0' - a_s) \tag{5-31}$$

$$Ne \leqslant f_y A_s' (h_0 - a_s') \tag{5-32}$$

式中　e'——轴向拉力至钢筋 A_s' 合力点之间的距离，$e' = h/2 - a_s' + e_0$；

　　　e——轴向拉力至钢筋 A_s 合力点之间的距离，$e = h/2 - a_s - e_0$；

　　　e_0——轴向拉力作用点至混凝土截面形心的偏心距，$e_0 = M/N$；

式中其他参数可参考偏心受压构件部分，下同。

3. 大偏心受拉构件正截面承载力计算

大偏心受拉构件在截面达到极限承载力时，截面受拉侧混凝土产生裂缝，拉力全部由钢筋承担，受拉钢筋达到屈服；在对应的另一侧形成受压区，混凝土达到极限压应变，如图 5.8（b）所示，根据平衡条件，可得到大偏心受拉构件正截面承载力的基本计算公式：

$$N = f_y A_s - f_y' A_s' - \alpha_1 f_c b x \tag{5-33}$$

$$Ne \leqslant \alpha_1 f_c b x \left(h_0 - \frac{x}{2} \right) + f_y' A_s' (h_0 - a_s') \tag{5-34}$$

式中　e——轴向拉力至 A_s 合力点之间的距离，$e = e_0 - h/2 + a_s$。

为了防止发生超筋和少筋破坏，上述公式的适用条件为：

$$2a_s' \leqslant x \leqslant \xi_b h \tag{5-35}$$

$$A_s \geqslant \rho_{\min} b h \tag{5-36}$$

【例 5-6】 某混凝土偏心受拉构件，处于一类环境，截面尺寸 $b \times h = 300 \text{ mm} \times 450 \text{ mm}$，承受轴向拉力设计值 $N = 672 \text{ kN}$，弯矩设计值 $M = 60 \text{ kN} \cdot \text{m}$，采用混凝土强度等级为 C30 和 HRB335 级钢筋。试进行配筋计算。

【解】（1）基本参数。$f_t = 1.43 \text{ MPa}$，$f_y = 300 \text{ MPa}$，一类环境，$c = 25 \text{ mm}$，$a_s = a_s' = c + d/2 = 25 + 20/2 = 35 \text{ mm}$，$h_0 = h - a_s = 450 - 35 = 415 \text{ mm}$，$h_0' = h - a_s' = 450 - 35 = 415 \text{ mm}$，$\rho_{\min} = 45 \dfrac{f_t}{f_y}\% = 45 \times \dfrac{1.43}{300}\% = 0.215\% > 0.2\%$。

（2）判断偏心类型。

$$e_0 = \frac{M}{N} = \frac{60 \times 10^6}{672 \times 10^3} = 90 \text{ mm} < \frac{h}{2} - a_s = \frac{450}{2} - 35 = 190 \text{（mm）}$$

因此，该构件为小偏心受拉。

（3）计算几何条件。

$$e' = \frac{h}{2} - a_s' + e_0 = \frac{450}{2} - 35 + 90 = 280 \text{（mm）}$$

$$e = \frac{h}{2} - a_s - e_0 = \frac{450}{2} - 35 - 90 = 100 \text{（mm）}$$

（4）求 A_s 和 A_s'。

$$A_s = \frac{Ne'}{f_y(h_0' - a_s)} = \frac{672 \times 10^3 \times 280}{300 \times (415 - 35)}$$

$$= 1\,650 \text{ mm}^2 > \rho_{\min} b h = 0.215\% \times 300 \times 450 = 290.3 \text{ mm}^2$$

$$A_s' = \frac{Ne}{f_y(h_0 - a_s')} = \frac{672 \times 10^3 \times 100}{300 \times (415 - 35)}$$

$$= 589.5 \text{ mm}^2 > \rho_{\min}bh = 290.3 \text{ mm}^2$$

故 A_s 选用 6Φ19($A_s = 1\ 701$ mm^2)，A_s' 选用 2Φ22($A_s' = 760$ mm^2)。

【例 5-7】 某矩形水池，壁厚 300 mm，$a_s = a_s' = 25$ mm，池壁跨中水平向每米宽度上最大弯矩 $M = 150$ kN·m，相应的轴向拉力 $N = 250$ kN，混凝土强度等级为 C20 和 HRB335 级钢筋，求池壁水平方向所需钢筋。

【解】 (1)基本参数。$f_c = 9.6$ N/mm^2，$f_y = f_y' = 300$ N/mm^2，取计算单元 $b \times h = 1\ 000$ mm $\times$ 300 mm，$h_0 = h - a_s = 300 - 25 = 275$(mm)，$h_0' = h - a_s' = 300 - 25 = 275$(mm)。

(2)判断偏心类型。

$$e_0 = \frac{M}{N} = \frac{150 \times 10^6}{250 \times 10^3} = 600 \text{ mm} > \frac{h}{2} - a_s = \frac{300}{2} - 25 = 125 \text{mm}$$

因此，该构件为大偏心受拉构件。

(3)求所需钢筋面积。

$$e = e_0 - \frac{h}{2} + a_s = 600 - \frac{300}{2} + 25 = 475 \text{(mm)}$$

假定

$$x = x_b = \xi_b h_0 = 0.550 \times 275 = 151.25 \text{(mm)}$$

则由式(5-34)可得

$$A_s' = \frac{Ne - \alpha_1 f_c bx\left(h_0 - \dfrac{x}{2}\right)}{f_y'(h_0 - a_s')}$$

$$= \frac{250 \times 10^3 \times 475 - 1.0 \times 9.6 \times 1000 \times 151.25 \times \left(275 - \dfrac{151.25}{2}\right)}{300 \times (275 - 25)} < 0$$

故按构造要求配置 A_s'，取 $A_s' = \rho_{\min}' bh = 0.002 \times 1\ 000 \times 300 = 600$(m^2)，可选用 Φ12@180($A_s' = 628$ m^2)。

此时，x 不再是界限值 x_b，需要重新计算 x 值。由式(5-6)得

$$250 \times 10^3 \times 475 = 1.0 \times 9.6 \times 1\ 000x \times \left(275 - \frac{x}{2}\right) + 300 \times 628 \times (275 - 25)$$

解此方程得

$$x = 28.63 \text{(mm)}$$

由于 $x = 28.63$ mm $< 2a_s' = 50$ mm，取 $x = 2a_s'$，并对 A_s' 合力点取矩，可求得

$$A_s = \frac{Ne'}{f_y(h_0' - a_s)} = \frac{250 \times 10^3 \times (\frac{300}{2} - 25 + 600)}{300 \times (275 - 25)} = 2\ 416.7 \text{(mm}^2)$$

另外，当不考虑 A_s'，即取 $A_s' = 0$，由式(5-6)重新计算 x 值，得

$$250 \times 10^3 \times 475 = 1.0 \times 9.6 \times 1\ 000x \times \left(275 - \frac{x}{2}\right)$$

解此方程得

$$x = 49.42 \text{(mm)}$$

由式(5-33)可得

$$A_s = \frac{N + f_y' A_s' + \alpha_1 f_c bx}{f_y} = \frac{250 \times 10^3 + 1.0 \times 9.6 \times 1\,000 \times 49.42}{300} = 2414.8 (\text{mm}^2)$$

取 $A_s = 2\,416.7 \text{ mm}^2$ 和 $A_s = 2\,414.8 \text{ mm}^2$ 中较小值配筋，选用 $\Phi16@80 (A_s = 2\,513 \text{ mm}^2)$。

➤ 本章小结

(一)受压构件分类

钢筋混凝土受压构件可分为轴心受压构件和偏心受压构件。只作用有轴力且轴向力作用线与构件截面形心轴重合时，称为轴心受压构件；当轴向力作用线与构件截面形心轴不重合或者同时作用有轴力和弯矩时，称为偏心受压构件。当轴向力作用线与截面的形心轴平行且沿某一主轴偏离形心时，称为单向偏心受压构件；当轴向力作用线与截面的形心轴平行且偏离两个主轴时，称为双向偏心受压构件。

(二)轴心受压构件承载力计算

配有普通钢筋的轴心受压构件，计算公式为 $N \leqslant 0.9\varphi(f_c A + f_y' A_s')$，抗压承载力由钢筋和混凝土两部分组成。因为受纵向弯曲的影响会降低构件的承载力，因而考虑稳定系数 φ 的影响。

配有螺旋箍筋的轴心受压构件，间接钢筋所包围的核心截面混凝土处于三向受压状态，其实际抗压强度因间接钢筋的套箍作用而高于混凝土轴心抗压强度。这类配筋柱在进行承载力计算时，要考虑横向箍筋的作用。

(三)偏心受压构件承载力计算

偏心受压构件可分为大偏心受压构件和小偏心受压构件两种类型。

(1)大偏心受压破坏。当偏心率较大且受拉钢筋不是太多时，远离轴向力一侧的钢筋先受拉屈服，然后近轴向力一侧的混凝土被压碎，称为大偏心受压破坏。

(2)小偏心受压破坏。当偏心率很小或受拉钢筋布置过多时，构件截面一侧混凝土的应变达到极限压应变，混凝土被压碎，该侧的受压钢筋屈服；另一侧的钢筋受拉但不屈服，或处于受压状态(此时全截面受压)，称为小偏心受压破坏。

(3)大小偏心的界限。大小偏心受压破坏的界限是当受拉钢筋应力达到屈服强度，受压区混凝土的应变达到极限压应变而被压碎。当 $x_b = \xi_b h_0$，若 $x \leqslant \xi_b h_0$ 时为大偏心受压，若 $x > \xi_b h_0$ 时为小偏心受压。

(4)二阶弯矩。钢筋混凝土偏心受压构件在偏心轴向力的作用下将产生弯曲变形，产生侧向附加挠度，使临界截面的轴向力偏心距增大，从而导致出现附加弯矩，这种现象称为偏心受压构件的纵向弯曲，产生的附加弯矩也称为二阶弯矩。在计算偏心受压长柱时，通过调整弯矩设计值来考虑纵向弯曲的影响。

(四)受拉构件分类

钢筋混凝土受拉构件可分为轴心受拉构件和偏心受拉构件两类。当轴向拉力作用线与构件截面形心轴线重合时，称为轴心受拉构件；当轴向拉力作用线偏离构件截面形心轴线或构件上既作用有轴向拉力，又同时作用有弯矩时，则称为偏心受拉构件。

(五)轴心受拉构件承载力计算

轴心受拉构件破坏时，混凝土不承受拉力，全部拉力由钢筋来承受，故轴心受拉构件正截面承载力计算公式为 $N \leqslant A_s f_y$。

(六)偏心受拉构件承载力计算

偏心受拉构件分为大偏心受拉构件和小偏心受拉构件,判别方法如下:

(1)当偏心距 $e_0 \leqslant h_0/2 - a_s$ 时,属于小偏心受拉构件。

(2)当偏心距 $e_0 > h_0/2 - a_s$ 时,属于大偏心受拉构件。

思考题实践练习

1. 什么是受压构件?其可分为哪几种类型?

2. 轴心受压柱的破坏特征是什么?长柱和短柱的破坏特点有何不同?

3. 偏心受压构件的长细比对构件的破坏有什么影响?

4. 钢筋混凝土柱大、小偏心受压破坏有何本质区别?大、小偏心受压的界限是什么?截面设计时如何进行初步判断?截面校核时如何判断?

5. 举例说明工程中的轴心受拉构件和偏心受拉构件。

6. 偏心受拉构件可分为哪几类?如何进行分类?各有什么破坏特征?

7. 某多层房屋现浇钢筋混凝土框架的底层中柱,属于一类环境,截面尺寸为 350 mm × 350 mm,计算长度 $l_0 = 5$ m,轴向力设计值 $N = 1\,600$ kN,混凝土采用 C30,纵向钢筋采用 HRB400 级钢筋,试进行截面配筋设计。

8. 已知某矩形截面柱,属于一类环境,截面尺寸为 300 mm × 600 mm,轴力设计值 $N = 600$ kN,弯矩设计值 $M = 260$ kN·m,计算长度 $l_0 = 6$ m,选用混凝土强度等级为 C30 和 HRB335 级钢筋,求截面纵向配筋。

9. 已知某矩形截面柱,属于一类环境,截面尺寸为 400 mm × 500 mm,计算长度为 4.5 m,轴力设计值为 800 kN,选用混凝土强度等级为 C25 和 HRB400 级钢筋,截面配筋为 $A_s = 942$ mm^2,$A_s' = 762$ mm^2,求该构件方向能承受的弯矩设计值。

第六章　预应力混凝土构件

本章重点

预应力混凝土构件的施工方法；预应力损失的分类和计算。

第一节　预应力混凝土概述

一、预应力混凝土构件

混凝土作为一种建筑材料，主要缺点之一就是抗拉的能力很低，在工作阶段就有裂缝存在。提高混凝土强度等级和采用高强度钢筋，都不能从根本上解决钢筋混凝土结构裂缝的开展和延伸问题，只能靠加大截面尺寸的方法来保证构件的抗裂能力和刚度，因而普通钢筋混凝土构件存在下列缺点：

(1)在正常使用条件下，因为构件裂缝的存在，导致钢筋在某些环境中容易腐蚀，降低了结构耐久性。

(2)通过增加截面尺寸来控制构件的裂缝和变形，既浪费了材料又增加了结构自重。

(3)为了限制裂缝宽度，需控制裂缝处钢筋的拉应力，但是当钢筋应力达到 $20\sim40$ MPa 时，混凝土已经开裂，导致钢筋强度得不到充分发挥，所以一般都采用低强度钢筋。

正是由于这些缺点，限制了钢筋混凝土结构的应用范围。解决混凝土抗拉能力低所带来的这一系列问题，目前最有效的方法是采用预应力混凝土：通过张拉钢筋，利用钢筋的回弹，对在荷载作用下的受拉区混凝土施加一定的预压应力，使其能够部分或全部抵消由荷载产生的拉应力，甚至使构件受压。这种做法实际上是利用混凝土较高的抗压能力来弥补其抗拉能力的不足，减小变形，提高刚度，满足使用要求。

二、预应力混凝土的分类

按照钢筋混凝土结构构件的裂缝控制等级不同，将预应力混凝土分为以下三类：

(1)全预应力混凝土。对应于一级裂缝控制要求，在全部荷载最不利组合下，混凝土不出现拉应力。

(2)有限预应力混凝土。对应于二级裂缝控制要求，在全部荷载最不利组合下，混凝土截面的拉应力不超过其规定的限值。

(3)部分预应力混凝土。对应于三级裂缝控制要求，在使用荷载作用下，混凝土截面拉应力没有限制，允许开裂，但最大裂缝宽度不超过规定限值。当按照预加应力的大小来考虑时，可把有限预应力混凝土归纳到部分预应力混凝土中。

按照预应力钢筋和混凝土的粘结方式不同,将预应力混凝土分为以下两类:

(1)有粘结预应力混凝土。预应力钢筋在全长上与混凝土结合在一起,产生粘结力。

(2)无粘结预应力混凝土。在预应力钢筋表面涂以沥青等防滑、防锈材料,并套上塑料管等材料使之与混凝土隔离,预应力钢筋可自由滑动,不与周围混凝土产生粘结力,常用于后张法。

三、预应力混凝土构件材料

(1)预应力混凝土结构中的钢筋包括预应力钢筋和普通钢筋。普通钢筋的选用参考第一章第一节。预应力钢筋在张拉时受到很大的拉应力,在使用荷载作用下,其拉应力还会继续提高,因此宜采用高强度钢筋,如预应力钢丝、钢绞线和预应力螺纹钢筋,其规格和强度标准值参见表 6.1。

(2)预应力混凝土结构的混凝土受到预应力的作用,预应力越大,对结构越有利。

表 6.1　预应力钢筋强度标准值　　　　　　　　　　　　　　N/mm²

种　类		符号	公称直径 d/mm	屈服强度标准值 f_{pyk}	极限强度标准值 f_{ptk}
中强度预应力钢丝	光圆	ϕ^{PM}	5、7、9	620	800
	螺旋肋	ϕ^{HM}		780	970
				980	1 270
预应力螺纹钢筋	螺纹	ϕ^{T}	18、25、32、40、50	785	980
				930	1 080
				1 080	1 230
消除应力钢丝	光圆	ϕ^{P}	5	—	1 570
				—	1 860
			7	—	1 570
	螺旋肋	ϕ^{H}	9	—	1 470
				—	1 570
钢绞线	1×3（三股）	ϕ^{S}	8.6、10.8、12.9	—	1 570
				—	1 860
				—	1 960
	1×7（七股）		9.5、12.7、15.2、17.8	—	1 720
				—	1 860
				—	1 960
			21.6	—	1 860
注:极限强度标准值为 1 960 N/mm² 的钢绞线作后张预应力配筋时,应有可靠的工程经验。					

第二节　施加预应力的方法和工具

一、施加预应力的方法

施加预应力的方法有许多种，目前最常用的方法是通过张拉构件内的预应力钢筋，利用钢筋的回弹来挤压混凝土。按照钢筋张拉与混凝土浇筑的先后顺序不同，可分为先张法和后张法。

(1)先张法。在浇筑混凝土之前张拉预应力筋的方法称为先张法(图6.1)。

先张法的主要工序是，先在台座或者钢模上张拉预应力钢筋达到张拉控制应力，并将其临时锚固在台座上[图6.1(a)、(b)]，然后架设模板，绑扎普通钢筋骨架，并浇筑混凝土[图6.1(c)]，待混凝土达到要求的强度后，切断或放松预应力钢筋，让钢筋的回弹力通过钢筋与混凝土间的粘结力传递给混凝土，使其获得预压应力[图6.1(d)]。

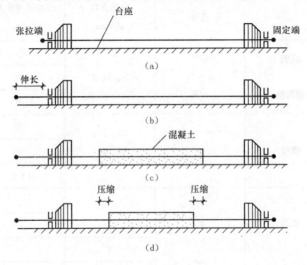

图6.1　先张法示意图

(2)后张法。在浇筑混凝土之后张拉预应力筋的方法称为后张法(图6.2)。

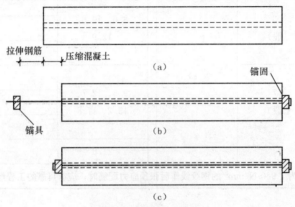

图6.2　后张法示意图

后张法施工在浇筑混凝土构件时，在配置预应力钢筋的位置上预留孔道；当构件混凝土达到规定强度后，将预应力钢筋穿入预留孔道内，再使用张拉设备张拉钢筋，并用锚具将钢筋锚固，使构件也同时受到压缩；最后，在预留孔道内灌注水泥浆，以保护钢筋不致锈蚀，并使钢筋束与混凝土粘结成为整体，也可以不灌注水泥浆，完全通过锚具传递预压力，形成无粘结预应力构件。

二、施加预应力的工具

为了防止被张拉的钢筋发生回缩，必须锚固钢筋的端部。锚具和夹具是制作预应力混凝土构件时锚固预应力钢筋的重要工具，特别是采用后张法时，预应力主要是依靠钢筋端部的锚具来传递。在构件制作后能重复使用的，称为夹具；永久锚固在构件端部，与构件一起承受荷载，不能重复使用的，称为锚具。

锚具和夹具主要是依靠摩擦阻力、粘结力和承压来锚固。

第三节　预应力损失计算

一、张拉控制应力

张拉控制应力是指预应力钢筋在进行张拉时所能达到的最大应力值。其值为张拉钢筋时，张拉设备(千斤顶和油泵)上的压力表所控制的总张拉力除以预应力钢筋面积得出的应力值，以 σ_{con} 表示。

为了充分发挥预应力优点，张拉控制应力 σ_{con} 应尽量定高，使构件获得较好的抗裂性能，并减小截面达到节约材料的目的。但是张拉控制应力过高，也会产生一系列问题，如由于钢筋强度的离散性可能导致个别钢筋产生塑性变形甚至断裂；构件的开裂荷载接近极限荷载，使得构件破坏前无明显的破坏先兆，降低了延性等。

张拉控制应力的大小与钢种以及施工方法有关。一是由于软钢塑性好于硬钢，一般软钢可定得高一些，硬钢定得低一些；二是由于张拉过程中先张法预应力损失大于后张法，因此后张法构件的 σ_{con} 值应适当小于先张法构件。

张拉控制应力应符合以下规定：

(1)消除预应力钢丝、钢绞线：

$$\sigma_{con} \leqslant 0.75 f_{ptk} \tag{6-1}$$

(2)中强度预应力钢丝：

$$\sigma_{con} \leqslant 0.70 f_{ptk} \tag{6-2}$$

(3)预应力螺纹钢筋：

$$\sigma_{con} \leqslant 0.85 f_{pyk} \tag{6-3}$$

消除预应力钢丝、钢绞线、中强度预应力钢丝的张拉控制应力值不应小于 $0.4 f_{ptk}$；预应力螺纹钢筋的张拉应力控制值不宜小于 $0.5 f_{pyk}$。

二、预应力损失计算

按照某一控制应力值张拉好的预应力钢筋，其初始拉应力会由于各种原因降低，这种预应力降低的现象称为预应力损失，用 σ_l 表示。在预应力混凝土设计中需考虑的主要预应力损失有以下六项：

(1)锚具变形和钢筋内缩引起的预应力损失 σ_{l1}。直线预应力筋达 σ_{con} 后，需卸去张拉设备，在预应力筋回弹力的作用下一定会出现某一量值的锚具变形或钢筋回缩，引起预应力损失 σ_{l1}。其值按下式计算：

$$\sigma_{l1} = \frac{a}{l} E_s \tag{6-4}$$

式中 a——张拉端锚具变形和钢筋内缩值(mm)，按表 6.2 取用；

l——张拉端至锚固端之间的距离(mm)；

E_s——预应力钢筋的弹性模量。

表 6.2 锚具变形和钢筋内缩值 a mm

锚具类别		a
支承式锚具(钢丝束镦头锚具等)	螺帽缝隙	1
	每块后加垫板的缝隙	1
夹片式锚具	有顶压时	5
	无顶压时	6~8

注：1. 表中的锚具变形和预应力筋内缩值也可根据实测数据确定。
    2. 其他类型的锚具变形和预应力筋内缩值应根据实测数据确定。

块体拼成的结构，其预应力损失应计算块体间填缝的预压变形。当采用混凝土或砂浆为填缝材料时，每条填缝的预压变形值可取 1 mm。

因为先张法构件通常是在长线台座上生产，所以锚具损失在先张法构件中的影响较小，而在后张法构件中影响相对较大。减小锚具损失的措施之一是尽量减少垫板的数量，因为在锚具处每增加一块垫板 a 就得增加 1 mm。

(2)预应力钢筋与孔道壁间摩擦引起的预应力损失 σ_{l2}。采用后张法时，预应力钢筋需要穿过预留孔道。由于孔道的偏差、孔道壁粗糙、钢筋不直和钢筋粗糙等原因，使得预应力钢筋张拉时与孔道壁表面产生摩擦阻力，从而引起预应力损失 σ_{l2}。预应力损失 σ_{l2} (N/mm²)可按下式计算：

$$\sigma_{l2} = \sigma_{con}\left(1 - \frac{1}{e^{\kappa x + \mu\theta}}\right) \tag{6-5}$$

当 $(\kappa x + \mu\theta)$ 不大于 0.3 时，σ_{l2} 可按下列近似公式计算：

$$\sigma_{l2} = (\kappa x + \mu\theta)\sigma_{con} \tag{6-6}$$

式中 x——从张拉端至计算截面的孔道长度，可近似取该段孔道在纵轴上的投影长度(m)；

θ——从张拉端至计算截面曲线孔道各部分切线的夹角之和(rad)；

κ——考虑孔道每米长度局部偏差的摩擦系数，按表 6.3 采用；

μ——预应力筋与孔道壁之间的摩擦系数，按表 6.3 采用。

注：当采用夹片式群锚体系时，在 σ_{con} 中宜扣除锚口摩擦损失。

表 6.3　摩擦系数

孔道成型方式	κ	μ	
		钢绞线、钢丝束	预应力螺纹钢筋
预埋金属波纹管	0.001 5	0.25	0.50
预埋塑料波纹管	0.001 5	0.15	—
预埋钢管	0.001 0	0.30	—
抽芯成型	0.001 4	0.55	0.60
无粘结预应力筋	0.004 0	0.09	
注：摩擦系数也根据实测数据确定。			

减小摩擦损失的措施主要有两项：一是进行超张拉，先采用$(1.05\sim1.1)\sigma_{con}$的应力进行张拉，并保持这一状态 2 min，然后将预应力筋稍稍放松，使张拉应力减小到 $0.85\sigma_{con}$，最后再张拉使预应力筋的应力达到 σ_{con}，超张拉工艺的张拉程序可归纳为：

$$0 \to (1.05\sim1.1)\sigma_{con} \xrightarrow{\text{持荷 2 min}} 0.85\sigma_{con} \to \sigma_{con}$$

超张拉只是暂时提高了预应力筋的张拉应力，最终的钢筋张拉应力仍然是张拉控制应力 σ_{con}；二是采用两端张拉，使沿构件长度方向上的钢筋应力分布均匀。

（3）蒸汽养护时引起的预应力损失 σ_{l3}。为了缩短先张法构件的生产周期，常在浇捣混凝土后进行蒸汽养护，以加速混凝土的硬结。升温时，新浇筑的混凝土尚未结硬。钢筋受热膨胀，但是两端台座是固定不动的，距离保持不变，造成钢筋中的应力降低。降温时，混凝土已结硬并和钢筋产生粘结力结成整体，钢筋应力不能恢复到原来的张拉值，造成预应力损失 σ_{l3}。

当预应力钢筋和承受拉力的设备之间温度差为 Δt（以℃计）时，则相应的钢材应变为 $0.000\ 01\Delta t$，所以预应力损失为：

$$\sigma_{l3} = 0.000\ 01 \times \Delta t \times E_s \approx 2\Delta t \tag{6-7}$$

采用钢模生产的先张法构件，由于预应力筋是锚固在模板上，在升温时两者温度相同，故无此项损失。

（4）钢筋松弛引起的预应力损失 σ_{l4}。钢筋在高应力下，其塑性变形具有随时间而增长的性质。钢筋长度保持不变，但应力随时间的增长而产生逐渐降低的现象，称为钢筋的应力松弛。钢筋的松弛会引起预应力钢筋中的应力损失 σ_{l4}。预应力钢筋的应力松弛与钢筋的材料性质有关。

对于消除预应力钢丝、钢绞线有以下方法：

1）普通松弛：

$$\sigma_{l4} = 0.4\left(\frac{\sigma_{con}}{f_{ptk}} - 0.5\right)\sigma_{con} \tag{6-8}$$

2）低松弛：

当 $\sigma_{con} \leqslant 0.7f_{ptk}$ 时，$\sigma_{l4} = 0.125\left(\frac{\sigma_{con}}{f_{ptk}} - 0.5\right)\sigma_{con}$ 　　　　　　(6-9)

当 $0.7f_{ptk} < \sigma_{con} \leqslant 0.8f_{ptk}$ 时，$\sigma_{l4} = 0.2\left(\frac{\sigma_{con}}{f_{ptk}} - 0.575\right)\sigma_{con}$ 　　　(6-10)

对于中强度预应力钢丝：

$$\sigma_{l4} = 0.08\sigma_{con} \tag{6-11}$$

对于预应力螺纹钢筋：

$$\sigma_{l4} = 0.03\sigma_{con} \tag{6-12}$$

注：当 $\dfrac{\sigma_{con}}{f_{ptk}} \leqslant 0.5$ 时，预应力筋的应力松弛损失值可取为零。

（5）混凝土收缩、徐变引起受拉区和受压区纵向预应力钢筋的预应力损失 σ_{l5}。混凝土在结硬过程中产生的收缩和在预压应力作用下产生的徐变都将导致构件缩短，预应力钢筋将随之回缩，导致预应力损失。混凝土收缩、徐变引起受拉区和受压区预应力钢筋的预应力损失分别用 σ_{l5}、σ'_{l5} 表示。

在一般情况下，对先张法、后张法构件的预应力损失 σ_{l5}、σ'_{l5}（N/mm²）可按下列公式计算：

对于先张法构件：

$$\sigma_{l5} = \frac{60 + 340\dfrac{\sigma_{pc}}{f'_{cu}}}{1 + 15\rho} \tag{6-13}$$

$$\sigma'_{l5} = \frac{60 + 340\dfrac{\sigma'_{pc}}{f'_{cu}}}{1 + 15\rho'} \tag{6-14}$$

对于后张法构件：

$$\sigma_{l5} = \frac{55 + 300\dfrac{\sigma_{pc}}{f'_{cu}}}{1 + 15\rho} \tag{6-15}$$

$$\sigma'_{l5} = \frac{55 + 300\dfrac{\sigma'_{pc}}{f'_{cu}}}{1 + 15\rho'} \tag{6-16}$$

式中　σ_{pc}、σ'_{pc}——受拉区、受压区预应力筋合力点处的混凝土法向压应力；

f'_{cu}——施加预应力时的混凝土立方体抗压强度；

ρ、ρ'——受拉区、受压区预应力筋和普通钢筋的配筋率。

对于先张法构件：

$$\rho = \frac{A_p + A_s}{A_0}, \quad \rho' = \frac{A'_p + A'_s}{A_0} \tag{6-17}$$

对于后张法构件：

$$\rho = \frac{A_p + A_s}{A_n}, \quad \rho' = \frac{A'_p + A'_s}{A_n} \tag{6-18}$$

式中　A_0——混凝土换算截面面积；

A_n——混凝土净截面面积。

对于对称配置预应力筋和非预应力筋的构件，取 $\rho = \rho'$，此时配筋率取钢筋截面面积的一半进行计算。

当结构处于年平均相对湿度低于 40% 的环境下，σ_{l5} 和 σ'_{l5} 值应增加 30%。

（6）环向预应力钢筋挤压混凝土产生的应力损失 σ_{l6}。水池、电杆和压力管道等环形构件，采用后张法配置环状或螺旋式预应力钢筋直接在混凝土上进行张拉。预应力钢筋将对环形构件的外壁产生环向应力，使构件直径减小，从而引起预应力损失。σ_{l6} 与环形构件的直径成反比，直径越小，损失越大。

当 $d \leqslant 3$ m 时，$\sigma_{l6} = 30$ N/mm²；

当 $d > 3$ m 时，$\sigma_{l6} = 0$。

当计算求得的预应力总损失值小于下列数值时，应按下列数值取用：

先张法构件   100 N/mm²；

后张法构件   80 N/mm²。

三、预应力损失值的组合

各项预应力损失对先张法和后张法构件是各不相同的，预应力损失值宜按表 6.4 进行计算组合。

表 6.4   各阶段预应力损失值的组合

预应力损失值的组合	先张法构件	后张法构件
混凝土预压前（第一批）的损失	$\sigma_{l1} + \sigma_{l2} + \sigma_{l3} + \sigma_{l4}$	$\sigma_{l1} + \sigma_{l2}$
混凝土预压后（第二批）的损失	σ_{l5}	$\sigma_{l4} + \sigma_{l5} + \sigma_{l6}$

预应力混凝土的探索多年前已开始，但在开始时效果总是不理想，构件的变形与裂缝开展总是达不到预期的效果，长期失败的一个重要原因就在于对预应力损失缺乏认识，尤其是对混凝土收缩、徐变引起的预应力损失认识不足。这一历史经验也说明了正确认识预应力损失在预应力混凝土设计中的重要性。

【例 6-1】 某预应力混凝土轴心受拉构件，采用先张法，截面尺寸为 200 mm×200 mm，构件长 15 m，在 50 m 台座上张拉。混凝土强度等级为 C40，预应力钢筋为 10 根直径 9 mm 的螺旋肋消除预应力钢丝，对称配置。普通松弛，张拉控制应力为 $\sigma_{con} = 0.75 f_{ptk}$，$f_{ptk} = 1\ 570$ N/mm²，放张时混凝土强度为 $0.75 f_{cu}$。已知锚具变形和钢筋内缩值 $a = 5$ mm，构件蒸汽养护时，预应力钢筋和张拉设备间的温差 $\Delta t = 20\ ℃$，受拉区预应力筋合力点处的混凝土法向压应力 $\sigma_{pc} = 10$ N/mm²。求各阶段预应力损失值。

【解】 （1）基本系数。$f_{ptk} = 1\ 570$ N/mm²，$E_s = 2.05×10^5$ N/mm²，$E_c = 3.25×10^4$ N/mm²。

$$A_p = 10×63.62 = 636.2\ \text{mm}^2,\ \frac{E_s}{E_c} = 6.308$$

$$A_0 = A_n + \frac{E_s}{E_c} A_p = bh - A_p + \frac{E_s}{E_c} A_p = 43\ 377\ (\text{mm}^2)$$

（2）第一批预应力损失计算。

$$\sigma_{l1} = \frac{a}{l} E_s = \frac{5}{50×10^3} × 2.05×10^5 = 20.5\ (\text{N/mm}^2)$$

$$\sigma_{l3} = 2\Delta t = 2×20 = 40\ (\text{N/mm}^2)$$

$$\sigma_{l4} = 0.4 \left(\frac{\sigma_{con}}{f_{ptk}} - 0.5 \right) \sigma_{con} = 0.4 × \left(\frac{0.75 f_{ptk}}{f_{ptk}} - 0.5 \right) × 0.75 f_{ptk} = 117.75\ (\text{N/mm}^2)$$

则第一批预应力损失为：$\sigma_{l1} + \sigma_{l3} + \sigma_{l4} = 178.25\ (\text{N/mm}^2)$

（3）第二批预应力损失计算。对称配置预应力筋和非预应力筋的构件，取 $\rho = \rho'$，此时配筋率取钢筋截面面积的一半进行计算，$\rho = \frac{A_p + A_s}{2A_0} = \frac{636.2 + 0}{2×43\ 377} = 0.007\ 33$

$$\sigma_{l5} = \frac{60 + 340 \dfrac{\sigma_{pc}}{f_{cu}}}{1 + 15\rho} = \frac{60 + 340 × \dfrac{10}{0.75×40}}{1 + 15×0.007\ 33} = 156.16\ (\text{N/mm}^2)$$

则第二批预应力损失为 156.16 N/mm²。

（4）总预应力损失 σ_l=178.25 N/mm²＋156.16 N/mm²＝334.41 N/mm²＞100 N/mm²，故取 σ_l＝334.41 N/mm²。

本章小结

(一)预应力混凝土构件工作原理

预应力混凝土构件通过张拉钢筋，利用钢筋的回弹，对在荷载作用下的受拉区混凝土施加一定的预压应力，使其能够部分或全部抵消由荷载产生的拉应力，甚至使构件受压。这种做法实际上是利用混凝土较高的抗压能力来弥补其抗拉能力的不足，减小变形，提高刚度，满足使用要求。

(二)施加预应力方法

按照钢筋张拉与混凝土浇筑的先后顺序不同，可分为先张法和后张法。为了防止被张拉的钢筋发生回缩，必须锚固钢筋的端部。锚具和夹具是制作预应力混凝土构件时锚固预应力钢筋的重要工具。

(三)张拉控制应力

张拉控制应力是指预应力钢筋在进行张拉时所能达到的最大应力值。其值为张拉钢筋时，张拉设备(千斤顶和油泵)上的压力表所控制的总张拉力除以预应力钢筋面积得出的应力值，以 σ_{con} 表示。

(四)预应力损失

按照某一控制应力值张拉好的预应力钢筋，其初始拉应力会由于各种原因降低，这种预应力降低的现象称为预应力损失，用 σ_l 表示。在预应力混凝土设计中需考虑的主要预应力损失有以下六项：

（1）锚具变形和钢筋内缩引起的预应力损失 σ_{l1}。

（2）预应力钢筋与孔道壁间摩擦引起的预应力损失 σ_{l2}。

（3）蒸汽养护时引起的预应力损失 σ_{l3}。

（4）钢筋松弛引起的预应力损失 σ_{l4}。

（5）混凝土收缩、徐变引起受拉区和受压区纵向预应力钢筋的预应力损失 σ_{l5}。

（6）环向预应力钢筋挤压混凝土产生的应力损失 σ_{l6}。

思考题实践练习

1. 什么是预应力？

2. 预应力混凝土构件有什么优点？

3. 施加预应力的方法有哪些？各有什么特点？

4. 预应力混凝土对材料有什么要求？

5. 什么是张拉控制应力？

6. 预应力损失包括哪些内容？先张法和后张法构件的预应力损失有何不同？

第七章　钢筋混凝土梁板结构

本章重点：

单向和双向板肋梁楼盖的设计；单向板和双向板的传力规律与力学模型；楼梯的设计。

前面章节主要是针对钢筋混凝土各种基本构件的讲解，本章着重介绍梁板等构件组成的整体结构的设计问题。

第一节　钢筋混凝土梁板结构概述

钢筋混凝土梁板结构是土木工程中常见的结构形式，例如楼(屋)盖、楼梯、阳台、雨篷等在建筑结构中应用广泛。

楼盖是建筑结构中的重要组成部分，楼盖结构选型和布置的合理性以及结构计算和构造的正确性，对于建筑结构的安全使用和经济合理有着非常重要的意义。混凝土楼盖在整个房屋的材料用量和造价方面所占的比例是相当大的，因此合理选择楼盖的形式，正确地进行设计计算，将对整个房屋的使用和技术经济指标具有一定的影响。

混凝土楼盖按施工方法可分为现浇式、装配式和装配整体式楼盖。

(1)现浇式楼盖整体性好、刚度大、防水性好和抗震性强，并能适应于房间的平面形状、设备管道、荷载或施工条件等比较特殊的情况。其缺点是费工、费模板、工期长、施工受季节的限制，故现浇式楼盖通常用于建筑平面布置不规则的局部楼面或运输吊装设备不足的情况。

(2)装配式楼盖，楼板采用混凝土预制构件，便于工业化生产，在多层民用建筑和多层工业厂房中得到广泛应用。但是，这种楼面由于整体性、防水性和抗震性较差，不便于开设孔洞，故对于高层建筑、有抗震设防要求的建筑以及使用上要求有防水和开设孔洞的楼面，均不宜采用。

(3)装配整体式楼盖，其整体性较装配式楼盖要好，较现浇式楼盖节省模板和支撑。但这种楼盖需要进行混凝土的二次浇筑，有时还需增加焊接工作量，故对施工进度和造价都带来一些不利影响。因此，这种楼盖仅适用于荷载较大的多层工业厂房、高层民用建筑及有抗震设防要求的建筑。采用装配式楼盖可以克服现浇式楼盖的缺点，而装配整体式楼盖则兼具有现浇式楼盖和装配式楼盖的优点。

板按其受弯情况可分为单向板和双向板。单向板是主要在一个方向受弯的板；双向板是在两个方向均受弯，且弯曲程度相差不大的板。可分为以下几种情况：

(1)当板单向支承时，仅在一个方向受弯，是单向板。

(2)当板四边支承时，且其长短跨之比大于 2 时，它主要在短跨方向受弯，而长跨方向的弯矩很小，可忽略不计，故这种板按单向板考虑。

(3)当板四边支承时，且其长短跨之比不大于2时，两个方向受弯且程度相差不大，这种板按双向板考虑。

第二节　单向板肋梁楼盖

一、结构布置

钢筋混凝土单向板肋梁楼盖的结构布置主要是主梁、次梁的布置，一般在建筑设计阶段已确定了建筑物的跨度，主梁的间距决定了次梁的跨度，次梁的间距决定了板的跨度。在进行板、次梁和主梁布置时，在满足建筑使用要求的前提下主梁的布置方案有两种：一种是沿房屋横向布置[图 7.1(a)]；另一种是沿房屋纵向布置[图 7.1(b)]。

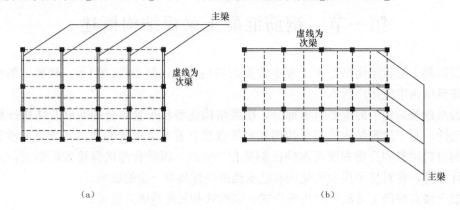

（a）　　　　　　　　　　　　（b）

图 7.1　主梁的布置
(a)主梁沿房屋横向布置；(b)主梁沿房屋纵向布置

为了增强房屋横向刚度，主梁一般沿房屋横向布置，而次梁则沿房屋纵向布置，主梁必须避开门窗洞口。当建筑上要求横向柱距大于纵向柱距较多时，主梁也可沿纵向布置，以减小主梁跨度。

梁格布置应力求规整，以使板厚和梁截面尺寸尽量统一。柱网宜为正方形或矩形，梁系应尽可能连续贯通，以加强楼盖整体性，并便于设计和施工。

板的混凝土用量占整个楼盖的一半以上，因此板厚宜取较小值，在梁格布置时应考虑这一因素。另外，当主梁跨间布置的次梁多于一根时，主梁弯矩变化平缓，受力较有利。根据设计经验，主梁的跨度一般为 5~8 m；次梁的跨度一般为 4~6 m；板的跨度(也即次梁的间距)一般为 1.7~2.7 m。在一个主梁跨度内，次梁不宜少于 2 根，故板的跨度通常为 2 m 左右。

二、计算简图

荷载分布和大小、计算跨度和跨长是确定计算简图的基本内容。

(1)荷载计算。板承受均布荷载。由于沿板长边方向的荷载相同，故在计算板的荷载效应时，可取 1 m 宽度的单位板宽为计算单元；在进行荷载计算时，不考虑结构连续性的影响，直接按各自构件承受荷载的范围进行计算。

(2)计算跨度。对于连续梁、板的某一跨，其相邻两跨以外的其余各跨对其内力的影响很小。因此，对于超过五跨的等刚度连续梁、板，若各跨的相差不超过 10% 时，除距端部的两边跨外，所有中间的内力是十分接近的，为简化计算，可将所有中间跨均以第三跨来代表。

(3)计算跨长。梁、板的计算跨度是指在计算内力时所采用的跨长，其值与支承长度和构件的弯曲刚度有关。在按弹性理论方法计算时，板、次梁、主梁(或单跨梁板)的计算跨度均可取支座中心线之间的距离。若支承长度较大时，可按相关规范要求进行修正。

三、结构内力计算方法

1. 按弹性理论的计算方法

弹性理论是假设钢筋混凝土为纯弹性体，采用结构力学的相关方法进行计算，此方法较为安全。

作用在楼盖上的荷载有永久荷载(恒荷载)和可变荷载(活荷载)。恒荷载包括自重、构造层重等，对于工业建筑，还有永久设备自重；活荷载包括使用时的人群和临时性设备等产生的自重。

在连续梁中，恒荷载作用于各跨，而活荷载的布置可以变化。由于活荷载的布置方式不同，会使连续结构构件各截面产生不同的内力。为了保证结构的安全性，就需要找出产生最大内力的活荷载布置方式及内力，并与恒荷载内力叠加作为设计的依据，这就是荷载最不利组合(或最不利内力组合)的概念。

在荷载作用下，连续梁的跨中截面和支座截面是出现最大内力的截面，称为控制截面。确定控制截面产生最大内力的活荷载布置原则，可归纳为以下几点：

(1)使某跨跨中产生最大正弯矩时，除应在该跨布置活荷载外，还应向左、右两侧隔跨布置活荷载。

(2)使某跨跨中产生最大负弯矩时，该跨不布置活荷载，相邻两跨布置活荷载，再向左、右两侧隔跨布置活荷载。

(3)使某支座产生剪力最大值时，该跨不布置活荷载，相邻两跨布置活荷载，再向左、右两侧隔跨布置活荷载。

2. 按塑性理论的计算方法

塑性理论是考虑钢筋混凝土具有一定的塑性变形，将某些截面的内力适当降低后进行配筋，此方法较为经济。

混凝土连续梁、板按弹性理论方法设计时，认为只要任何一个截面的内力达到其内力设计值时，就认为整个结构达到其承载能力。事实上，混凝土连续梁、板是超静定结构，在其加载的全过程中，由于钢筋混凝土结构材料的非线性，而且钢筋混凝土受弯构件在荷载作用下会产生裂缝，随着荷载的增加、混凝土塑性变形的发展，故结构构件各截面的刚度会发生改变，各截面间内力比值也随之改变，使内力的规律发生变化，这就是塑性内力重分布。

显著的塑性内力重分布发生在截面的受拉钢筋屈服之后。受拉钢筋的屈服使截面在承受的弯矩几乎不变的情况下发生较大的转动，构件在钢筋屈服的截面好像形成了一个铰，称之为塑性铰。

塑性铰的出现会引起结构计算简图改变，使内力的变化规律发生改变。混凝土结构由于刚度比值改变或出现塑性铰引起结构计算简图变化，从而引起的结构内力不再服从弹性理论内力规律的现象称为塑性内力重分布；另外，由于是超静定结构，即使某一截面达到其内力设计值，只要整个结构还是不变的，仍具有一定的承载能力。

在设计普通楼盖和连续板时，为了节省钢材、方便施工，取得一定的经济效果。对结构按弹性方法所求的弯矩值和剪力值进行适当的调整，以考虑结构非弹性变形所引起的内力重分布，称为弯矩调幅法。采用弯矩调幅法计算连续板和梁时，为了保证塑性铰在预期的部位形成，同时又要防止裂缝过宽及挠度过大影响正常使用，故要求在设计时应遵守下述原则：

(1)应采用塑性性能好的热轧钢筋(如 HPB300 级、HRB335 级或 HRB400 级钢筋)作为纵向受力钢筋，混凝土强度等级宜在 C20～C45 范围；截面的相对受压区高度应满足 $0.10 \leqslant \xi \leqslant 0.35$。

(2)为使结构满足正常使用条件，弯矩调低的幅度不能太大：钢筋混凝土梁节点边缘截面的弯矩调幅幅度不宜超过 0.25；钢筋混凝土板的弯矩调幅幅度不宜超过 0.25；不等跨连续梁、板各跨中截面的弯矩不宜调整。

(3)调幅后的弯矩应满足静力平衡条件。

在实际计算中，根据构件的功能和重要程度不同，选取合适的计算方法。如主梁，作为主要受力支承构件，应选取弹性理论进行计算。

四、配筋设计及构造要求

1. 单向板的截面设计和构造要求

(1)受力钢筋。受力钢筋宜采用 HPB300 级钢筋；常用直径 $\phi 6$、$\phi 8$、$\phi 10$、$\phi 12$ 等。板底部正钢筋采用 HPB300 级时，端部采用半圆弯钩，负钢筋端部应做成直钩支撑在底模上。为了施工时不易被踩下，负筋直径一般不小于 $\phi 8$。受力钢筋的间距一般不小于 70 mm；当板厚 $h \leqslant 150$ mm 时，不应大于 200 mm；当板厚 $h > 150$ mm 时，不应大于 $1.5h$ 且不应大于 250 mm。

伸入支座的钢筋截面面积不得少于跨中受力钢筋截面面积的 1/3，且间距不大于 400 mm。钢筋锚固长度不应小于 $5d$，钢筋末端应做成弯钩。可以弯起跨中受力钢筋的一半作为支座负弯矩钢筋(最多不超过 2/3)，弯起角度一般为 30°(当 $h > 120$ mm 时可用 45°)。负弯矩钢筋的末端宜做成直钩，直接支撑在模板上，以保证钢筋在施工时的位置。

(2)分布钢筋。分布钢筋布置于受力钢筋内侧，与受力钢筋垂直放置并互相绑扎(或焊接)。其单位长度上的面积不少于单位长度上受力钢筋面积的 15%，且不小于该方向板截面面积的 0.15%，其间距不宜大于 250 mm，直径不小于 6 mm；在集中荷载较大时，分布钢筋间距不宜大于 200 mm。在受力钢筋的弯折处，也都应布置分布钢筋。分布钢筋末端可不设弯钩。

分布钢筋的主要作用：固定受力钢筋位置；抵抗混凝土的温度应力和收缩应力；承受分布在板上局部荷载产生的内力；对四边支承板，可承受在计算中未计及但实际存在的长跨方向的弯矩。

2. 次梁的构造要求

(1)次梁的一般构造要求均按受弯构件的有关规定。

(2)沿梁长纵向钢筋的弯起和切断，原则上按弯矩及剪力包络图确定。

3. 主梁的计算与构造要求

(1)主梁一般构造要求遵守受弯构件有关规定。主梁的跨度一般为 5～8 m，梁高为跨度的 1/15～1/10。纵向受力钢筋的弯起、截断等应通过作材料图确定。当支座处剪力很大，箍筋和弯起钢筋尚不足以抗剪时，可以增设鸭筋抗剪。

(2)在次梁和主梁相交处，次梁的集中荷载传至主梁的腹部，有可能在主梁内引起斜裂缝。为了防止斜裂缝的发生引起局部破坏，应在次梁支承处的主梁内设置附加横向钢筋，将上述集中荷载有效地传递到主梁的混凝土受压区。

第三节 双向板肋梁楼盖

一、结构平面布置

双向板的支承形式可以是四边支承(包括四边简支、四边固定、三边简支一边固定、两边简支两边固定和三边固定一边简支)、三边支承或两邻边支承；承受的荷载可以是均布荷载、局部荷载或三角形分布荷载；板的平面形状可以是矩形、圆形、三角形或其他形状。在楼盖设计中，常见的是均布荷载作用下四边支承的双向矩形板。

现浇双向板肋梁楼盖的结构平面布置如图 7.2 所示，当空间不大且接近正方形时，可不设中柱，双向板的支撑梁为两个方向均支撑在边墙(或柱)上，且截面相同的井字梁[图 7.2(a)]；当空间较大时，宜设中柱，双向板的纵、横向支撑梁分别为支承载中柱和边墙(或柱)上的连续梁[图 7.2(b)]；当柱距较大时，还可在柱网格中再设井字梁[图 7.2(c)]。

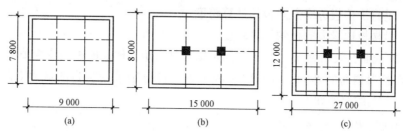

图 7.2 现浇双向板肋梁楼盖结构平面布置

(a)空间不大且接近正方形时；(b)空间较大时；(c)柱距较大时

二、双向板受力的特点

双向板的受力状态较为复杂。国内外做过很多试验研究，四边简支双向板在均布荷载作用下的试验研究表明：

(1)其竖向位移曲面呈碟形。矩形双向板沿长跨最大正弯矩并不发生在跨中截面，因为沿长跨的挠度曲线弯曲最大处不在跨中而在离板边约 1/2 短跨长处。

(2)加载过程中，在裂缝出现之前，双向板基本上处于弹性工作阶段。

（3）四边简支的正方形或矩形双向板，当荷载作用时板的四角有翘起的趋势，因此，板传给四边支座的压力沿边长是不均匀分布的，中部大、两端小，大致按正弦曲线分布。

（4）两个方向配筋相同的四边简支正方形板，由于跨中正弯矩 $M_{01}=M_{02}$ 的作用，板的第一批裂缝出现在底面中间部分；随后由于主弯矩 M_1 的作用，沿着对角线方向向四周发展。荷载不断增加，板底裂缝继续向四周扩展，直至因板的底部钢筋屈服而破坏。当接近破坏时，由于主弯矩 M_1 的作用，板顶面靠近四周附近，出现了垂直于对角线方向、大体上呈圆形的裂缝。这些裂缝的出现，又促进了板底对角线方向裂缝的进一步扩展。

（5）两个方向配筋相同的四边简支矩形板板底的第一批裂缝，出现在板的中部，平行于长边方向，这是由于短跨跨中的正弯矩 M_{01} 大于长跨跨中的正弯矩 M_{02} 所致。随着荷载进一步加大，由于主弯矩 M_1 的作用，这些板底的跨中裂缝逐渐延长，并沿 45°角向板的四角扩展。由于主弯矩 M_{01} 的作用，板顶四角也出现大体呈圆形的裂缝。最终，因板底裂缝处受力钢筋屈服而破坏。

三、双向板楼盖的截面设计与构造要求

1. 截面设计

（1）截面的弯矩设计值。对于周边与梁整体连接的双向板，除角区格外，应考虑周边支承梁对板推力的有利影响，即周边支承梁对板的水平推力将使板的跨中弯矩减小。设计时通过将截面的计算弯矩乘以下列折减系数予以考虑：

1）对于连续板的中间区格，其跨中截面及中间支座截面折减系数为 0.8。

2）对于边区格，其跨中截面及自楼板边缘算起的第二支座截面：

当 $l_b/l_0<1.5$ 时，折减系数为 0.8；

当 $1.5\leqslant l_b/l_0<2$ 时，折减系数为 0.9。

楼板的角区格不应折减。

式中　　l_0——垂直于楼板边缘方向板的计算跨度；

　　　　l_b——沿楼板边缘方向板的计算跨度。

（2）楼板的截面有效高度 h_0。由于双向短向板带弯矩值比长向板带弯矩值大，所以短向钢筋应放置在长向钢筋的外侧，计算时在两个方向应分别采用各自的截面有效高度 h_{01} 和 h_{02}。通常 h_{01}、h_{02} 的取值如下：

短跨 l_{01} 方向：$h_{01}=h-20$ mm；

长跨 l_{02} 方向：$h_{02}=h-30$ mm。

式中　　h——板厚（mm）。

2. 配筋构造要求

双向板的受力钢筋一般沿板的两个方向，即平行于短边和长边方向布置，配筋形式和构造要求与单向板相同，有弯起式和分离式。为施工方便，目前在工程中多采用分离式配筋。

采用弯起式配筋时，在简支的双向板中，考虑支座的实际约束情况，每个方向的正钢筋均应弯起 1/3。在固定支座的双向板及连续的双向板中，板底钢筋可弯起 1/2～1/3 作为支座负钢筋，不足时则另外加置板顶负直筋。因为在边板带内钢筋数量减少，故角上还应

放置两个方向的附加钢筋。

双向板宜采用 HPB300 级和 HRB335 级钢筋，配筋率要满足《混凝土结构设计规范》(GB 50010—2010)的要求，配筋方式类似于单向板，有弯起式配筋和分离式配筋两种。为方便施工，实际工程中常采用分离式配筋。

内力按弹性理论计算时，对于正弯矩，中间板带为最大，靠近支座时很小，因此配筋可减少，通常将板划分为中间板带和边缘板带，在中间板带按计算配筋，而边缘板带内的配筋为中间板带的一半，且每米宽度内不少于 4 根，支座负弯矩沿支座均匀布置，不应减少。

第四节　楼　　梯

楼梯是多层和高层建筑物垂直交通的主要构件，也是多高层遭遇火灾和其他灾害时的主要疏散通道。其是建筑物中的一个重要组成部分。在一般多高层建筑物中常采用钢筋混凝土楼梯。

楼梯的外形和几何尺寸由建筑设计确定，目前在建筑物中采用的楼梯类型很多，楼梯的结构形式主要有板式楼梯(图 7.3)和梁式楼梯(图 7.4)。

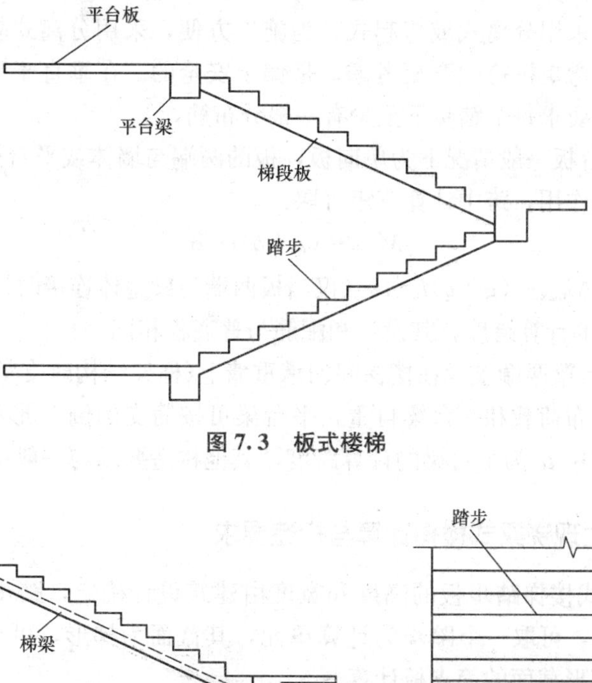

图 7.3　板式楼梯

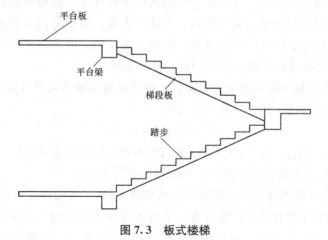

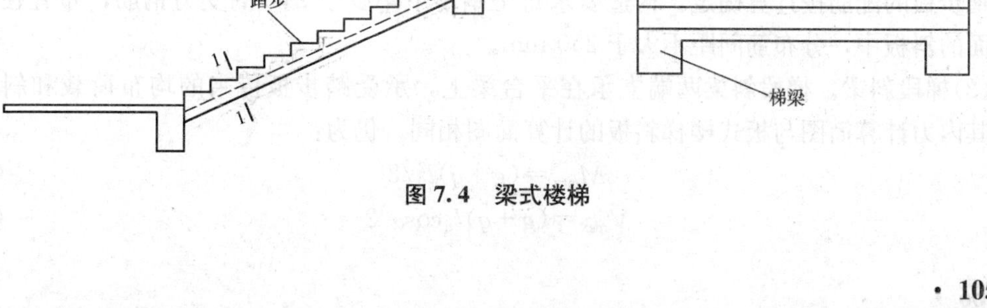

图 7.4　梁式楼梯

一、现浇板式楼梯的设计

整体式板式楼梯由梯段板、平台板和平台梁三种基本构件组成。

(1)梯段板。梯段板是一块带有踏步的斜板，分别支承于上、下平台梁上，板上的荷载直接传至平台梁。梯段板的厚度一般取梯段板水平投影方向长度的 $1/25\sim1/30$ 左右。

梯段板的荷载计算时，应考虑恒荷载(踏步自重、斜板自重和面层自重等)和活荷载，且垂直向下作用。计算时，可取 1.0 m 板宽作为计算单元。在计算内力时简化为水平简支板计算。

由材料力学可知，梯段板在竖向荷载作用下，其跨中弯矩、剪力值按下式计算：

$$M_{max}=(g+q)l_0^2/8 \tag{7-1}$$

$$V_{max}=(g+q)l_n\cos\alpha/2 \tag{7-2}$$

式中 g,q——分别为作用于梯段板上竖向的恒荷载和活荷载的设计值；

l_0,l_n——分别为梯段板的计算跨度和净跨度的水平投影长度；

α——梯段板与水平方向的夹角。

在实际工程计算中，考虑到平台梁与梯段板整体连接，平台梁对梯段板有一定的约束作用，可以减少跨中弯矩，计算可取 $M_{max}=(g+q)l_0^2/10$。

梯段板和一般板计算一样，可不必进行斜截面抗剪计算。斜板中的受力钢筋按跨中弯矩计算求得，配筋可采用分离式或弯起式。为施工方便，采用分离式较多。在实际工程设计中，通常板端的负弯矩按跨中弯矩考虑，是偏于安全的。在垂直于受力筋方向要按构造要求配置分布筋，并要求每个踏步下至少有一根分布筋。

(2)平台板。平台板一般情况下为单向板，板的两端与墙体或平台梁整体连接，考虑到支座对平台板的约束作用，跨中计算弯矩可取：

$$M_{max}=(g+q)l_0^2/8 \tag{7-3}$$

或 $$M_{max}=(g+q)l_0^2/10 \text{（仅当板两端与梁整体连接时）} \tag{7-4}$$

式中 l_0——平台板的计算跨度，其设计和配筋与普通板相同。

(3)平台梁。平台梁两端支承在楼梯间的承重墙上(框架结构时支承在柱上)，承受梯段板、平台板传来的均布荷载和平台梁自重，平台梁可按简支的倒 L 形梁计算。平台梁的截面高度 $h\geqslant l_0/12$，其中 l_0 为平台梁的计算跨度，其他构造要求与一般梁相同。

二、钢筋混凝土现浇梁式楼梯计算与构造要求

(1)踏步板。梁式楼梯踏步板的高度和宽度由建筑设计确定，踏步底板厚一般为 $30\sim50$ mm。为计算方便，可取一个踏步为计算单元，其截面为梯形，可按截面面积相等的原则简化为同宽度的矩形截面的简支板计算。

踏步板的配筋按计算确定，构造要求每个踏步下不少于 $2\phi6$ 的受力钢筋，布置在踏步板下面的斜板中，分布筋间距不大于 250 mm。

(2)梯段斜梁。梯段斜梁两端支承在平台梁上，承受踏步板传来的均布荷载和斜梁自重。其内力计算简图与板式楼梯斜板的计算简图相同，仍为：

$$M_{max}=(g+q)l_0^2/8 \tag{7-5}$$

$$V_{max}=(g+q)l_n\cos\alpha/2 \tag{7-6}$$

式中 g，q——分别为作用于梯段斜梁上竖向的恒荷载和活荷载的设计值；

l_0，l_n——分别为梯段斜梁的计算跨度和净跨度的水平投影长度。

梯段斜梁可按倒 L 形截面进行计算，踏步板下的斜板为其斜梁的受压翼缘。梯段斜梁的截面高度 $h=(1/16\sim1/20)l_0$，其配筋及构造要求与一般梁相同。

(3)平台梁与平台板。平台板的计算和构造要求与板式楼梯平台板基本相同。梁式楼梯中的平台梁承受平台板传来的均布荷载，梯段斜梁传来的集中力及平台梁自身的均布荷载，其配筋和构造要求与一般梁相同。

【例 7-1】 某教学楼现浇板式楼梯，楼梯结构平面布置如图 7.5 所示，楼梯踏步详图如图 7.6 所示。层高 3.6 m，踏步尺寸 150 mm×300 mm。采用混凝土强度等级为 C25，钢筋等级为 HPB300。楼梯上均布活荷载标准值 $q_k=3.5$ kN/m，试设计此板式楼梯。

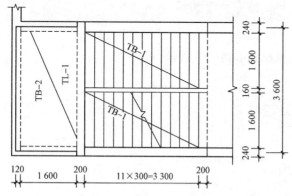

图 7.5　楼梯结构平面布置

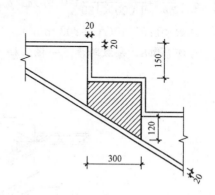

图 7.6　楼梯踏步详图

【解】　1.楼梯板计算

板倾斜角 $\alpha=\arctan\dfrac{150}{300}=0.464$，$\cos\alpha=0.894$

(1)计算跨度与板厚。

计算跨度 $l_0=l_n+a=3.3+0.2=3.5$(m)

板厚 $h=\dfrac{l_0}{30}\approx120$(mm)

取 1 m 宽板带计算。

(2)荷载计算。

恒荷载标准值计算：

水磨石面层自重：$(0.3+0.15)\times1\times0.65\times\dfrac{1}{0.3}=0.98$(kN·m)

三角形踏步自重：$1/2\times0.3\times0.15\times25\times1\times\dfrac{1}{0.3}=1.88$(kN·m)

斜板自重：$0.12\times25\times1\times\dfrac{1}{0.894}=3.36$(kN/m)

板底抹灰：$0.02\times17\times1\times\dfrac{1}{0.894}=0.38$(kN/m)

则恒荷载标准值：$g_k=0.98+1.88+3.36+0.38=6.6$(kN/m)

活荷载标准值：$q_k=3.5$ kN/m

基本组合的总荷载设计值：$G=6.6\times1.2+3.5\times1.4=12.82(\text{kN/m})$

（3）截面设计。

弯矩设计值 $M=\dfrac{Gl_0^2}{8}=\dfrac{12.82\times3.5^2}{8}=19.63(\text{kN}\cdot\text{m})$

$h_0=120-20=100(\text{mm})$

$\alpha_s=\dfrac{M}{\alpha_1 f_c b h_0^2}=\dfrac{19.63\times10^6}{1.0\times11.9\times1\,000\times100^2}=0.165$

$\xi=1-\sqrt{1-2\alpha_s}=0.181\leqslant\xi_b=0.576$

$A_s=\dfrac{\alpha_1 f_c b h_0 \xi}{f_y}=\dfrac{1.0\times11.9\times1\,000\times100\times0.181}{270}=798(\text{mm}^2)$

$\rho_1=\dfrac{A_s}{bh}=\dfrac{798}{1\,000\times120}=0.67\%>\rho_{min}=0.45\dfrac{f_t}{f_y}=0.20\%$

选配 $\Phi12@140$（$A_s=808\ \text{mm}^2$）。

分布筋 $\Phi8$，每级踏步下一根。梯段板配筋如图 7.7 所示。

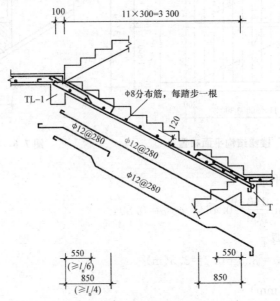

图 7.7 梯板配筋图

2. 平台板计算

设平台板厚 $h=70\ \text{mm}$，取 1 m 宽板带进行计算。板跨度 $l_0=1.8-\dfrac{0.2}{2}+\dfrac{0.12}{2}=1.76(\text{m})$。

（1）荷载计算。

恒荷载标准值计算：

水磨石面层自重：$l_0\times1\times0.65\times\dfrac{1}{l_0}=0.65(\text{kN/m})$

70 mm 混凝土板：$0.07\times1\times l_0\times25\times\dfrac{1}{l_0}=1.75(\text{kN/m})$

板底抹灰：$0.02\times1\times l_0\times17\times\dfrac{1}{l_0}=0.34(\text{kN/m})$

则恒荷载标准值：$g_k=0.65+1.75+0.34=2.74(\text{kN/m})$

活荷载标准值：$q_k = 3.5\ kN/m$

基本组合的总荷载设计值：$G = 2.74 \times 1.2 + 3.5 \times 1.4 = 8.19(kN/m)$

(2)截面设计。

弯矩设计值 $M = \dfrac{Gl_0^2}{8} = \dfrac{8.19 \times 1.76^2}{8} = 3.17(kN \cdot m)$

$h_0 = 70 - 20 = 50(mm)$

$\alpha_s = \dfrac{M}{\alpha_1 f_c b h_0^2} = \dfrac{3.17 \times 10^6}{1.0 \times 11.9 \times 1\,000 \times 50^2} = 0.107$

$\xi = 1 - \sqrt{1 - 2\alpha_s} = 0.113 \leqslant \xi_b = 0.576$

$A_s = \dfrac{\alpha_1 f_c b h_0 \xi}{f_y} = \dfrac{1.0 \times 11.9 \times 1\,000 \times 50 \times 0.113}{270} = 249(mm^2)$

$\rho_1 = \dfrac{A_s}{bh} = \dfrac{249}{1\,000 \times 70} = 0.36\% > \rho_{min} = 0.45 \dfrac{f_t}{f_y} = 0.20\%$

选配 $\Phi6@110(A_s = 257\ mm^2)$。

平台板配筋如图 7.8 所示。

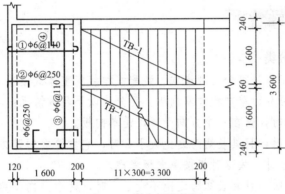

图7.8 平台板配筋图

3. 平台梁计算

设平台梁截面 $b = 200\ mm$, $h = 350\ mm$。

(1)荷载计算。

梯段板传来：$12.82 \times 3.3/2 = 21.15\ kN$，由于梯段板取的 1 m 宽单元进行计算，传递到平台梁后平台梁承受的荷载为 21.15 kN/m。

平台板传来：$8.19 \times (\dfrac{1.6}{2} + 0.2) = 8.19\ kN$，则平台梁承受平台板传来的荷载为 8.19 kN/m。

平台梁每米自重设计值：$0.2 \times (0.35 - 0.07) \times 25 \times 1.2 = 1.68(kN/m)$

梁侧抹灰每米自重设计值：$0.02 \times 2 \times (0.35 - 0.07) \times 17 = 0.19(kN/m)$

总荷载设计：$G = 21.15 + 8.19 + 1.68 + 0.19 = 31.21(kN/m)$

计算跨度：$l_0 = 1.05 l_n = 1.05 \times (3.6 - 0.24) = 3.53(m)$

弯矩设计值：$M = \dfrac{Gl_0^2}{8} = \dfrac{31.21 \times 3.53^2}{8} = 48.61(kN \cdot m)$

剪力设计值：$V = \dfrac{Gl_0}{2} = \dfrac{31.21 \times 3.53}{2} = 55.09(kN)$

(2)截面设计。

$$h_0 = 350 - 35 = 315(\text{mm})$$

$$\alpha_s = \frac{M}{\alpha_1 f_c b h_0^2} = \frac{48.61 \times 10^6}{1.0 \times 11.9 \times 200 \times 315^2} = 0.206$$

$$\xi = 1 - \sqrt{1 - 2\alpha_s} = 0.233 \leqslant \xi_b = 0.576$$

$$A_s = \frac{\alpha_1 f_c b h_0 \xi}{f_y} = \frac{1.0 \times 11.9 \times 200 \times 315 \times 0.233}{270} = 617(\text{mm}^2)$$

选配 $2\Phi20(A_s = 628\ \text{mm}^2)$。

$$\frac{V}{f_c b h_0} = \frac{55.09 \times 10^3}{11.9 \times 200 \times 315} = 0.073 < 0.2,\ \text{截面尺寸符合要求。}$$

$$\frac{V}{f_t b h_0} = \frac{55.09 \times 10^3}{1.27 \times 200 \times 315} = 0.69 < 0.7,\ \text{仅需按构造配置箍筋。}$$

配置箍筋 $\Phi6@200$。

 **本章小结**

(一)混凝土楼盖分类

混凝土楼盖按施工方法可分为现浇式、装配式和装配整体式楼盖。

板按其受弯情况可分为单向板和双向板。可分为以下几种情况：

(1)当板单向支承时，仅在一个方向受弯，是单向板。

(2)当板四边支承时，且其长短跨之比大于 2 时，它主要在短跨方向受弯，而长跨方向的弯矩很小，可忽略不计，故这种板按单向板考虑。

(3)当板四边支承时，且其长短跨之比不大于 2 时，两个方向受弯且程度相差不大，这种板按双向板考虑。

(二)单向板肋梁楼盖

钢筋混凝土单向板肋梁楼盖的结构布置主要是主梁、次梁的布置，满足建筑使用要求的前提下主梁的布置方案有两种：一种沿房屋横向布置；另一种沿房屋纵向布置。

单向板肋梁楼盖的荷载传递路线即构件的计算顺序为：板→次梁→主梁。

计算方法有弹性理论和塑性理论。

(三)双向板肋梁楼盖

双向板的支承形式可以是四边支承(包括四边简支、四边固定、三边简支一边固定、两边简支两边固定和三边固定一边简支)、三边支承或两邻边支承。

双向板设计时通过将截面的计算弯矩乘以相应折减系数予以考虑。

(四)楼梯

楼梯的结构形式主要有板式楼梯和梁式楼梯。

整体式板式楼梯由平台梁、平台板和梯段板三种基本构件组成。平台梁作为平台板和梯段板的支撑。

梁式楼梯由踏步板、梯段斜梁、平台梁与平台板组成，其中梯段斜梁是踏步板的支撑，平台梁作为平台板和梯段斜梁的支撑。

1. 什么叫单向板？其传力有什么规律？
2. 什么叫双向板？其传力有什么规律？
3. 单向板中有哪些受力钢筋和构造钢筋？各起什么作用？
4. 主次梁相交处为什么要设置附加钢筋？
5. 梁式楼梯和板式楼梯有什么区别？

第八章　多高层框架结构

本章重点

多高层框架结构的类型及布置；多高层框架结构的构造要求。

第一节　多高层框架结构概述

《高层建筑混凝土结构技术规程》(JGJ 3—2010)中，将 10 层以及 10 层以上或房屋高度大于 28 m 的住宅建筑和房屋高度大于 24 m 的其他民用建筑称为高层建筑，将一层以上且达不到高层建筑定义要求的称为多层建筑。

一、框架结构体系

框架结构主要由楼(屋面)板、梁、柱及基础等承重构件组成。由框架梁、柱与基础形成平面框架(单榀框架)，作为主要的承重结构。各平面框架再由连系梁联系起来，形成一个空间结构体系。

框架结构体系的主要优点：①空间分布灵活，具有可以较灵活地配合建筑平面布置的优点，利于布置大空间建筑，如教室、超市等；②框架结构构件类型少，且梁、柱构件易于标准化、定型化，便于采用装配整体式结构，以缩短施工工期；③采用现浇混凝土框架时，结构的整体性、刚度较好，承受竖向荷载很合理。

框架结构体系的缺点：①框架节点应力集中显著；②框架结构的侧向刚度小，抵抗水平荷载的能力差。在强烈地震作用下，结构所产生水平位移较大，易造成严重的非结构性破坏，故一般适用于建造不超过 15 层的房屋；③钢材和水泥用量较大，构件的总数量多，施工工序多。

混凝土框架结构广泛用于住宅、学校、办公楼，也有根据需要对混凝土梁或板施加预应力，以适用于较大的跨度。

二、剪力墙结构体系

剪力墙是由钢筋混凝土浇筑而成的墙体，严格意义上不能称为砌体。剪力墙结构是指由剪力墙作为竖向荷载承重结构的结构体系。剪力墙不仅承受竖向荷载，也承受水平剪力，故称为剪力墙。同时剪力墙与一般墙体一样，起到围护和分隔的作用。

剪力墙结构体系的主要优点：①剪力墙既能承担竖向荷载，如重力，又能抵抗水平荷载，如风荷载、水平地震荷载等；②空间整体性强、抗侧刚度大和抗震性能好。

剪力墙结构体系的缺点：剪力墙结构中墙与楼板组成受力体系，所以剪力墙不能拆除或破坏，不利于形成大空间，空间布置不灵活。

剪力墙结构通常适用于建筑空间较小，高度较高的建筑物，如高层住宅、写字楼等。其适宜高度为120 m。

三、框架-剪力墙结构体系

框架-剪力墙结构是框架结构和剪力墙结构两种体系的结合，是在结构平面布置上除布置了若干框架外，还布置了局部剪力墙（或称抗震墙）的多高层结构体系。当框架结构超过15层时，房屋的侧向位移和底层柱内力明显加大，这时可在框架结构内布置局部剪力墙，既能提高房屋的侧向刚度，又能为建筑平面布置提供较大的使用空间。框架-剪力墙结构中的剪力墙可以单独设置，也可以利用电梯井、楼梯间、管道井等墙体。因此，这种结构已被广泛地应用于各类房屋建筑。

四、筒体结构体系

筒体是由实心钢筋混凝土墙或者密集框架柱（框筒）构成，由一个或多个竖向筒体组成的结构称为筒体结构。

筒体结构的剪力墙集中在房屋的内部或者外围，形成空间封闭筒体，既能获得较大的抗侧刚度，又能因为剪力墙的集中获得较大的使用空间，使建筑平面设计获得良好的灵活性，它适用于平面或竖向布置繁杂、水平荷载大的高层建筑。

筒体结构可分为筒体-框架、框筒、筒中筒、束筒四种结构。筒体-框架结构中心为抗剪薄壁筒，外围为普通框架所组成的结构；框筒结构是外围为密柱框筒，内部为普通框架柱组成的结构；筒中筒结构是中央为薄壁筒，外围为框筒组成的结构，世界上著名的纽约世界贸易中心（110层，高412 m）、中国的深圳国际贸易中心（52层，高160 m）和按地震烈度9度设防的北京中央彩色电视中心（24层，高107 m）都采用了这种结构；束筒结构是由若干个筒体并列连接为整体的结构。

第二节　多高层框架结构的类型及布置

一、多高层框架结构的类型

按施工方法的不同，框架可分为现浇整体式、装配式和装配整体式三种。

(1)现浇整体式框架的梁、柱均为现浇钢筋混凝土，梁的纵筋伸入柱内锚固，其优点是整体性好，建筑布置灵活，有利于抗震，但施工相对复杂，模板耗费多，工期长。随着施工新工艺的不断出现，其应用已越来越广泛。其适用于使用功能、抗震性能要求高的房屋。

(2)装配式框架的构件全部或者部分为预制，在施工现场进行吊装和连接。其优点是节约模板，缩短工期，有利于施工机械化。但预埋件多，用钢量大，节点处理要求高，整体性差，故在地震区不宜采用。

(3)装配整体式框架是将预制梁、柱和板现场安装就位后，在构件连接处局部现浇混凝土，使之形成整体。装配整体式框架具有良好的整体性和抗震能力，又可采用预制构件，减少了现场浇捣混凝土的工作量，省去了接头预埋件，减少了用钢量，但节点施工复杂。

由于装配式框架整体性很差，装配整体式框架施工复杂，因此目前工程中基本上采用的是全现浇框架。

二、多高层框架结构的布置

房屋结构布置直接影响结构的安全性和经济性。框架结构按照承重方式的不同可分为以下三类：

（1）横向框架承重（图 8.1）。以框架的横梁作为楼盖的主梁，而在纵向设置连系梁。楼面荷载主要由横向框架承担。由于横向框架跨数往往较少，主梁沿横向布置有利于增强房屋的横向刚度。同时，纵向跨数较多，所以在纵向只需按构造要求布置较小的连系梁，有利于建筑物的通风和采光。但由于主梁截面尺寸较大，当房屋需要大空间时，净空较小，且不利于纵向管道的布置。

（2）纵向框架承重（图 8.2）。以框架纵梁作为楼盖的主梁，而在横向设置连系梁，楼面荷载由框架纵梁承担。由于横梁截面尺寸较小，有利于设备管线的穿行，可获得较高的室内净空。但房屋横向刚度较差，同时进深尺度受到预制板长度的限制。

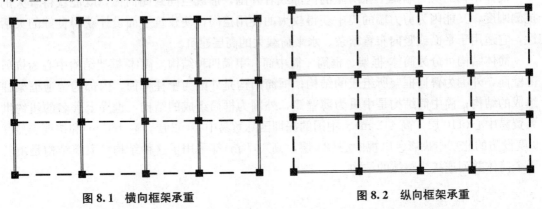

图 8.1　横向框架承重　　　　　　图 8.2　纵向框架承重

（3）纵横向框架混合承重（图 8.3）。纵横向框架混合承重方案是沿纵横两个方向上均布置有框架梁作为主梁，楼面荷载由纵横向框架梁共同承担。它具有较好的整体工作性能。当楼面荷载较大，或者考虑地震作用，设置双向板时，常采用这种方案。

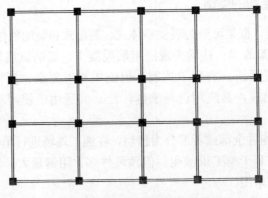

图 8.3　纵横向框架混合承重

第三节　多高层框架结构计算简介

一、计算单元

框架结构房屋是由纵向和横向框架组成的空间结构体系，一般应按三维空间结构进行分析，但对于平面布置较规则的框架结构房屋，其纵向框架和横向框架基本都是等间距布置，其上的荷载也是均匀分布，因此各榀框架将产生大致相同的位移，相互之间也假定不会产生约束力，为了简化计算，通常将实际的空间结构简化为若干个横向或纵向平面框架进行分析，每榀平面框架为一计算单元(图8.4)。在实际工程中可选择某几榀具有代表性的框架进行计算和设计。

就承受竖向荷载而言，当横向(纵向)框架承重，且在截取横向(纵向)框架计算时，全部竖向荷载由横向(纵向)框架承担，不考虑纵向(横向)框架的作用。当纵、横向框架混合承重时，应根据结构的不同特点进行分析，并对竖向荷载按楼盖的实际支承情况进行传递，这时竖向荷载通常由纵、横向框架共用承担。

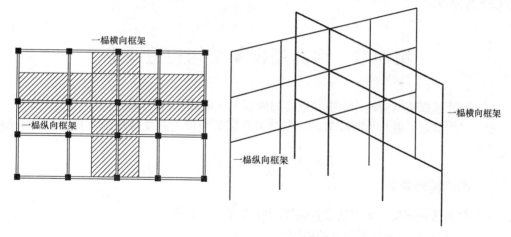

图8.4　框架结构计算模型

二、计算模型的确定

在框架结构的计算简图中，梁、柱用其定位轴线表示，梁与柱之间的连接用节点表示，梁或柱的长度用节点间的距离表示，框架柱轴线之间的距离即为框架梁的计算跨度；框架柱的计算高度应为各横梁形心轴线间的距离，当各层梁截面尺寸相同时，除底层外，柱的计算高度即为各层层高，底层柱则取基础到二层梁顶面间的高度。

在实际工程中，框架柱的截面尺寸通常沿房屋高度变化。当上层柱截面尺寸减小但其形心轴仍与下层柱的形心轴重合时，其计算简图与各层柱截面不变时相同。当上、下层柱截面尺寸不同且形心轴也不重合时，一般采取近似方法，即将顶层柱的形心线作为整个柱子的轴线，但是必须注意，在框架结构的内力和变形分析中，各层梁的计算跨度及线刚度仍应按实际情况取；另外，尚应考虑上、下层柱轴线不重合，由上层柱传来的轴力在变截面处所产生的力矩。此力矩应视为外荷载，与其他竖向荷载一起进行框架内力分析。

三、框架结构上的荷载

多高层框架结构的荷载可分为竖向荷载和水平荷载。竖向荷载包括恒荷载和楼(屋)面活荷载；水平荷载包括风荷载和水平地震作用。对于低层民用建筑，水平荷载起控制作用；对于多层建筑，水平荷载和竖向荷载共同起控制作用；对于高层建筑，水平荷载起控制作用。

1. 竖向荷载

(1)恒荷载。主要包括构件和相关材料的自重，根据《建筑结构荷载规范》(GB 50009—2012)相关规定进行计算。

(2)楼(屋)面活荷载。根据《建筑结构荷载规范》(GB 50009—2012)相关规定进行选用。

2. 水平荷载

(1)风荷载。其主要取决于风压力的大小、建筑物的体型、地面的粗糙程度和建筑物的动力特性等因素。为了简化计算，可将风荷载在建筑物高度上简化为节点集中荷载，分别作用于各层楼面和屋面处。

(2)水平地震作用。地震作用是地震时作用在建筑物上的惯性力，一般在抗震设防烈度6度以上时需考虑。

第四节　多高层框架结构构造要求

节点设计是框架结构设计中极其重要的内容，一般通过构造措施来保证。

现浇框架节点一般均为刚接节点，框架节点区的混凝土强度等级应不低于柱的混凝土强度等级。

一、梁的构造要求

梁纵向钢筋在框架中间层端节点的锚固应符合下列要求：

(1)梁上部纵向钢筋伸入节点的锚固。

1)当采用直线锚固形式时，锚固长度不应小于 l_a，且应伸过柱中心线，伸过的长度不宜小于 5d(d 为梁上部纵向钢筋的直径)。

2)当柱截面尺寸不满足直线锚固要求时，梁上部纵向钢筋可按相关要求采用钢筋端部加机械锚头的锚固方式。梁上部纵向钢筋宜伸至柱外侧纵向钢筋内边，包括机械锚头在内的水平投影锚固长度不应小于 $0.4l_{ab}$(图 8.5)。

3)梁上部纵向钢筋也可采用 90°弯折锚固的方式，此时梁上部纵向钢筋应伸至柱外侧纵向钢筋内边并向节点内弯折，其包含弯弧在内的水平投影长度不应小于 $0.4l_{ab}$，弯折钢筋在弯折平面内包含弯弧段的投影长度不应小于 15d(图 8.6)。

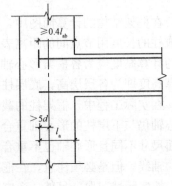

图 8.5　梁上部钢筋采用端部加机械锚头锚固

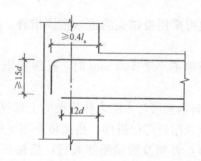

图 8.6　梁上部纵向钢筋采用 90°弯折锚固

(2)框架中间层中间节点或连续梁中间支座，梁的上部纵向钢筋应贯穿节点或支座，梁的下部纵向钢筋宜贯穿节点或支座。当必须锚固时，应符合下列锚固要求：

1)当计算中不利用该钢筋的强度时，其伸入节点或支座的锚固长度对带肋钢筋不小于 $12d$，对光面钢筋不小于 $15d$（d 为钢筋的最大直径）。

2)当计算中充分利用钢筋的抗压强度时，钢筋应按受压钢筋锚固在中间节点或中间支座内，其直线锚固长度不应小于 $0.7l_a$。

3)当计算中充分利用钢筋的抗拉强度时，钢筋可采用直线方式锚固在节点或支座内，锚固长度不应小于钢筋的受拉锚固长度 l_a（图 8.7）。

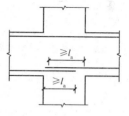

图 8.7　梁下部纵筋在节点中直锚

4)当柱截面尺寸不足时，宜按第(1)条的规定采用钢筋端部加锚头的机械锚固措施，也可采用 90°弯折锚固的方式。

5)钢筋可在节点或支座外梁中弯矩较小处设置搭接接头，搭接长度的起始点至节点或支座边缘的距离不应小于 $1.5h_0$。

二、柱的构造要求

(1)柱纵向钢筋应贯穿中间层的中间节点或端节点，接头应设在节点区以外。柱纵向钢筋在顶层中节点的锚固应符合下列要求：

1)柱纵向钢筋应伸至柱顶，且自梁底算起的锚固长度不应小于 l_a。

2)当截面尺寸不满足直线锚固要求时，可采用 90°弯折锚固措施。此时，包括弯弧在内的钢筋垂直投影锚固长度不应小于 $0.5l_{ab}$，在弯折平面内包含弯弧段的水平投影长度不宜小于 $12d$（图 8.8）。

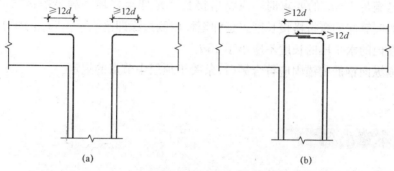

图 8.8　柱纵向钢筋采用 90°弯折锚固

(a)向外弯锚；(b)向内弯锚

3)当截面尺寸不足时，也可采用带锚头的机械锚固措施。此时，包含锚头在内的竖向锚固长度不应小于 $0.5l_{ab}$。

4)当柱顶有现浇楼板且板厚不小于 100 mm 时，柱纵向钢筋也可向外弯折，弯折后的水平投影长度不宜小于 12d。

(2)顶层端节点柱外侧纵向钢筋可弯入梁内作为梁的上部纵向钢筋；也可将梁上部纵向钢筋与柱外侧纵向钢筋在节点及附近部位搭接，搭接可采用下列方式：

1)搭接接头可沿顶层端节点外侧及梁端顶部布置，搭接长度不应小于 $1.5l_{ab}$（图 8.9）。其中，伸入梁内的柱外侧钢筋截面面积不宜小于其全部面积的 65%；梁宽范围以外的柱外侧钢筋宜沿节点顶部伸至柱内边锚固。当柱外侧纵向钢筋位于柱顶第一层时，钢筋伸至柱内边后宜向下弯折不小于 8d 后截断；当柱外侧纵向钢筋位于柱顶第二层时，可不向下弯折。当现浇板厚度不小于 100 mm 时，梁宽范围以外的柱外侧纵向钢筋也可伸入现浇板内，其长度与伸入梁内的柱纵向钢筋相同。

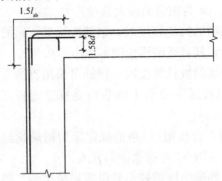

图 8.9　搭接接头沿顶层端节点外侧及梁端顶部布置

2)当柱外侧纵向钢筋配筋率大于 1.2% 时，伸入梁内的柱纵向钢筋宜分两批截断，截断点之间的距离不宜小于 20d(d 为柱外侧纵向钢筋的直径)。梁上部纵向钢筋应伸至节点外侧并向下弯至梁下边缘高度位置截断。

3)纵向钢筋搭接接头也可沿节点柱顶外侧直线布置，此时，搭接长度自柱顶算起不应小于 $1.7l_{ab}$。当梁上部纵向钢筋的配筋率大于 1.2% 时，弯入柱外侧的梁上部纵向钢筋宜分两批截断，其截断点之间的距离不宜小于 20d(d 为梁上部纵向钢筋的直径)。

4)当梁的截面高度较大，梁、柱纵向钢筋相对较小，从梁底算起的直线搭接长度未延伸至柱顶即已满足 $1.5l_{ab}$ 的要求时，应将搭接长度延伸至柱顶并满足搭接长度 $1.7l_{ab}$ 的要求；或者从梁底算起的弯折搭接长度未延伸至柱内侧边缘即已满足 $1.5l_{ab}$ 的要求时，其弯折后包括弯弧在内的水平段的长度不应小于 15d。

5)柱内侧纵向钢筋的锚固应符合第(1)条关于顶层中节点的规定。

本章小结

(一)多高层建筑常采用的结构体系

(1)框架结构体系。框架结构主要由楼(屋面)板、梁、柱及基础等承重构件组成。

（2）剪力墙结构体系。剪力墙是由钢筋混凝土浇筑而成的墙体，剪力墙不仅承受竖向荷载，也承受水平剪力，故称之为剪力墙。

（3）框架-剪力墙结构体系。框架-剪力墙结构是框架结构和剪力墙结构两种体系的结合，是在结构平面布置上除了若干框架以外还布置了局部剪力墙（或称抗震墙）的多高层结构体系。

（4）筒体结构体系。筒体结构是由实心钢筋混凝土墙或者密集框架柱（框筒）构成，由一个或多个竖向筒体组成的结构。

（二）多高层框架结构的分类

按施工方法的不同，框架可分为现浇整体式、装配式和装配整体式三种。

框架结构按照承重方式的不同分为以下三类：

（1）横向框架承重方案，以框架横梁作为楼盖的主梁，而在纵向设置连系梁。

（2）纵向框架承重方案，以框架纵梁作为楼盖的主梁，而在横向设置连系梁，楼面荷载由框架纵梁承担。

（3）纵横向框架混合承重方案，纵横向框架混合承重方案是沿纵横两个方向上均布置有框架梁作为主梁，楼面荷载由纵横向框架梁共同承担，具有较好的整体工作性能。

（三）多高层框架结构的计算

框架结构房屋是由纵向和横向框架组成的空间结构体系，一般应按三维空间结构进行分析。通常将实际的空间结构简化为若干个横向或纵向平面框架进行分析，每榀平面框架为一计算单元。实际工程中可选择某几榀具有代表性的框架进行计算和设计。

多高层框架结构的荷载分为竖向荷载和水平荷载。

（四）多高层框架结构的构造

节点设计是框架结构设计中极其重要的内容，一般通过构造措施来保证。包括梁的构造措施和柱的构造措施。

▶ 思考题实践练习

1. 多高层建筑结构有哪些承重体系？各有什么特点？
2. 如何区分多层和高层建筑？
3. 框架结构有哪几种布置方案？
4. 多高层建筑结构的荷载有哪几种？

第九章 砌体结构

■本章重点■

砌体结构的特点和分类；砌体的力学性能；砌体结构构件的承载力计算；砌体的构造要求。

第一节 砌体结构概述

由砖、石等砌块组成，并用砂浆粘结而成的材料称为砌体。由砌体作为建筑物主要受力构件的结构称为砌体结构。

砌体结构有着悠久的历史，如长城、金字塔等举世闻名的建筑物都是砌体结构。目前我国大多数的多层建筑物为混凝土楼(屋)盖、砌体承重墙共同承重的结构体系，称为混合结构。如当砌体为砖墙时我们一般称为砖混结构。

一、砌体结构的特点

1. 砌体结构的优点

(1)取材方便。我国各种天然石材分布较广，易于开采和加工。石灰、水泥、砂子、黏土均可就近或就地取得，且块材的生产工艺简单，易于生产。这是砌体结构得以广泛分布的最重要原因。

(2)耐久性和耐火性好。砌体结构具有良好的耐火性和抗腐蚀性，完全满足预期耐久年限的要求。

(3)保温、隔热、隔声性能好。砌体结构往往兼有承重与围护的双重功能。

(4)造价低。采用砌体结构可节约木材、钢材和水泥，而且与水泥、钢材和木材等建筑材料相比，价格相对便宜，工程造价较低。

2. 砌体结构的缺点

(1)强度低、自重大。通常砌体的强度较低，而墙、柱截面尺寸大，材料用量增多，自重加大，致使运输量加大，且在地震作用下引起的惯性力也增大，对抗震不利。由于砌体结构的抗拉、抗弯、抗剪等强度都较低，无筋砌体的抗震性能差，需要采用配筋砌体或构造柱改善结构的抗震性能。

(2)劳动强度高。砌体结构基本上采用手工作业的方式砌筑，劳动量大。

(3)采用黏土砖占地多。目前黏土砖在砌体结构中应用的比例仍然很大。生产大量砖势必过多地耗用农田，影响农业生产，对生态环境平衡也很不利。

二、砌体结构的分类

砌体可分为无筋砌体和配筋砌体。

(1)无筋砌体。无筋砌体是指不配置钢筋的砌体。工具块材种类不同,可分为砖砌体、砌块砌体和石砌体。

1)砖砌体由砖和砂浆砌筑而成。当采用标准尺寸砖时,根据强度和稳定性的要求,墙厚有 120 mm、240 mm、370 mm、490 mm、620 mm 等。

2)砌块砌体由砌块和砂浆砌筑而成。砌块砌体便于工业化、机械化,有利于减轻劳动强度,加大生产率。目前用得比较多的是混凝土小型空心砌块。

3)石砌体由天然石材和砂浆或者混凝土砌筑而成。砌体包括料石砌体、毛石砌体和毛石混凝土砌体。

(2)配筋砌体。为了提高砌体的承载力,减小构件尺寸,可在砌体内配置适当的钢筋形成配筋砌体(图9.1)。配筋砌体可分为网状配筋砌体、组合砖砌体、砖砌体和钢筋混凝土构造柱形成的组合墙及配筋砌块砌体。

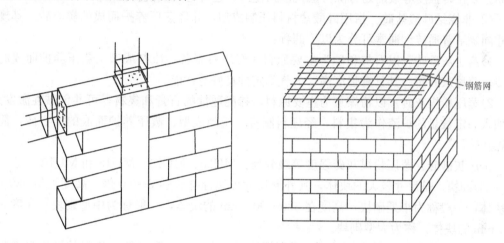

钢筋网

图 9.1 配筋砌体

第二节　砌体材料和砌体力学性能

一、砌体材料

1. 块材

可作为承重砌体的块体材料主要有砖、非烧结硅酸盐砖、砌块和石材等。

(1)砖。一般可分为烧结普通砖和烧结多孔砖。

1)烧结普通砖。指以黏土、页岩、煤矸石和粉煤灰为主要原料,经过焙烧而成的实心和孔洞率不超过 25% 且外形尺寸符合规定的砖。目前我国生产的烧结普通砖,其标准砖的尺寸为 240 mm×115 mm×53 mm。用标准砖可砌成 120 mm、240 mm、370 mm 等不同厚度的墙。烧结普通砖保温、隔热、耐久性能良好,可用于各种房屋的地上及地下结构。

2)烧结多孔砖。以黏土、页岩、煤矸石和粉煤灰为主要原料,经过焙烧而成,孔洞率不小于 25%,孔的尺寸小而数量多,主要用于承重部位的砖,简称多孔砖。其可分为 P 型砖和 M 型砖。

P 型砖的规格尺寸：P1(240 mm×115 mm×90 mm)（图 9.2），P2(240 mm×180 mm×115 mm)，配砖尺寸为 240 mm×115 mm×115 mm、180 mm×115 mm×115 mm。M 型砖的规格尺寸：(190 mm×190 mm×90 mm)，配砖尺寸为 190 mm×90 mm×90 mm。

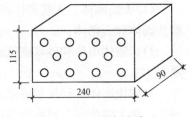

图 9.2　P1 型多孔砖

多孔砖具有许多优点，可减轻结构自重；由于砖厚度较大，可节约砌筑砂浆并减少工时；另外，黏土用量和电力及燃料亦可相应减少。多用于房屋上部结构(不宜用于冻胀地区地下部位)。

烧结普通砖、烧结多孔砖的强度等级有：MU30、MU25、MU20、MU15 和 MU10。其中实心砖的强度等级是根据标准试验方法所提到的砖的极限抗压强度来划分的，单位为 MPa。多孔砖强度等级的划分除考虑抗压强度外，还应考虑其抗折强度。

(2)非烧结硅酸盐砖。指用硅酸盐材料压制成型，并经蒸压养护而成的实心砖。其规格尺寸同烧结普通砖。通常可分为以下两种：

1)蒸压灰砂砖。以石灰和砂为主要原料，经坯料制备、压制成型、蒸压养护而成的实心砖，简称灰砂砖。其具有强度高、大气稳定性良好等性能。

2)蒸压粉煤灰砖。以粉煤灰为主要原料，掺配适量的石膏和集料，可共创碱性激发剂，再加入一定数量的炉渣作为集料，经坯料制备、压制成型、蒸压养护而成的实心砖，简称粉煤灰砖。

蒸压灰砂砖、蒸压粉煤灰砖强度等级分为：MU25、MU20、MU15 和 MU10。

(3)砌块。是尺寸较大的块体，其外形尺寸可达标准砖的 6～60 倍。高度不足 380 mm 的块体，一般称为小型砌块；高度在 380～900 mm 的块体，一般称为中型砌块；高度大于 900 mm 的块体，称为大型砌块。

混凝土砌块是指采用普通混凝土或利用浮石、火山渣、陶粒等为集料的轻集料混凝土制成，主要规格尺寸为 390 mm×190 mm×190 mm，空心率为 20%～50%，简称为砌块。

混凝土小型空心砌块(图 9.3)的强度等级分为：MU20、MU15、MU10、MU7.5、MU5。

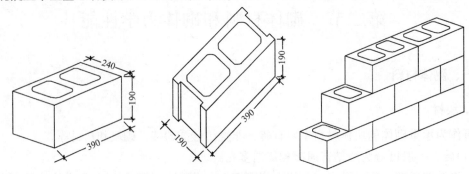

图 9.3　混凝土小型空心砌块和砌体

(4)石材。砌体中的石材一般选用无明显风化的天然石材，其主要来源有重质岩石和轻质岩石。重质岩石抗压强度高，耐久性好，但导热系数大，加工也较轻质岩石困难，一般用于基础砌体和重要建筑物的贴面，不宜用作采暖地区房屋的外墙。按其加工后的外形规则程度，石材可分为料石和毛石，具体规格尺寸见表 9.1。

表 9.1 石材的规格尺寸

石材类型		规格尺寸
料石	细料石	通过细加工,外表规则,叠砌面凹入深度不应大于 10 mm,截面的宽度、高度不应小于 200 mm,且不应小于长度的 1/4
	半细料石	规格尺寸同细料石,但叠砌面凹入深度不应大于 15 mm
	粗料石	规格尺寸同细料石,但叠砌面凹入深度不应大于 20 mm
	毛料石	外形大致方正,一般不加工或仅稍加修整,高度不应小于 200 mm,叠砌面凹入深度不应大于 25 mm
毛石		形状不规则,中部厚度不应小于 200 mm

注:石材的强度等级可用边长为 70 mm 的立方体试块的抗压强度表示。取三个试件破坏强度的平均值为其抗压强度。强度等级分为 MU100、MU80、MU60、MU50、MU40、MU30、MU20。

2. 砌筑砂浆

砌筑砂浆是由胶凝材料(水泥、石灰、石膏、黏土等)和细集料(砂)加水搅拌而成的一种粘结材料。块体用砂浆砌筑后才能发挥整体作用;用砂浆填实块体之间的缝隙,能改善块体的受力状态,提高砌体的保温和防水性能。砌筑砂浆按成分不同可分为以下几种:

(1)水泥砂浆。不加塑性掺和料的纯水泥砂浆。其强度高,耐久性好,适用于砌筑对强度有较高要求的地上砌体及地下砌体,但其和易性和保水性较差,施工难度较大。

(2)混合砂浆。有塑性掺和料(石灰膏、黏土)的水泥砂浆。如石灰水泥砂浆、黏土水泥砂浆等。其和易性、保水性较好,便于施工砌筑,适用于砌筑一般地面以上的墙柱砌体。

(3)非水泥砂浆。不含水泥的砂浆,如石灰砂浆、石灰黏土砂浆等。其强度低、耐久性差,只适宜于砌筑承受荷载不大的砌体或临时性建筑物、构筑物的砌体。

(4)混凝土砌块砌筑专用砂浆。是由水泥、砂、水以及根据需要掺入的掺和料和外加剂等组成,按一定比例,采用机械搅拌而成,专门用于砌筑混凝土砌块的砂浆,简称砌块专用砂浆。

建筑砌筑砂浆有以下性能要求:

(1)强度。砂浆的强度等级由 28 d 龄期的边长为 70.7 mm 的立方体试件进行抗压试验所得的极限抗压强度来确定。烧结普通砖、烧结多孔砖、蒸压灰砂普通砖和蒸压粉煤灰普通砖砌体采用的普通砂浆强度等级有 M15、M10、M7.5、M5 和 M2.5 五个等级;蒸压灰砂普通砖和蒸压粉煤灰砖砌体采用的专用砌筑砂浆强度等级有 Ms15、Ms10、Ms7.5 和 Ms5.0 四个等级;混凝土普通砖、混凝土多孔砖、单排孔混凝土砌块和煤矸石混凝土砌块砌体采用的砂浆强度等级有 Mb20、Mb15、Mb10、Mb7.5、Mb5 五个强度等级。验算施工阶段的砌体结构承载力时,由于砂浆尚未硬化,因此强度取为 0。

(2)流动性(可塑性)。砌筑时,要求块材与砂浆之间有良好的密实度,使砂浆容易而且能够均匀地铺开,要有一定的稠度,以保证砂浆有一定的流动性。可塑性用标准锥体沉入砂浆的深度测定,据砂浆的用途规定为:用于砖砌体的为 70~100 mm;用于砌块砌体的为 50~70 mm;用于石砌体的为 30~50 mm。施工时,砂浆的稠度往往由操作经验来掌握。

(3)保水性。砂浆在存放、运输和砌筑过程中保持水分的能力称为保水性。砌筑的质量在很大程度上取决于砂浆的保水性,如果砂浆的保水性很差,新铺在砖面上的砂浆的水分很快被吸去,则使砂浆难以抹平,砂浆也可能因失水过多而不能正常地硬化,从而使砌体强度下降。

在砂浆中掺入适量的掺和料（如石灰膏），可提高砂浆的流动性和保水性，既能节约水泥，又能提高砌筑质量。砂浆性能对照表见表9.2。

表 9.2　砂浆性能对照表

砂浆品种	塑性掺和料	和易保水性	强度	耐久性	耐水性
水泥砂浆	无	差	较高	好	好
混合砂浆	有	好	高	较好	差
专用砂浆	有	好	高	好	差
非水泥砂浆	有	好	低	差	无

二、砌体力学性能

砌体的抗压强度高，而抗拉、抗弯、抗剪强度很低，为正确理解砌体的受压工作性能，下面以砖砌体在轴心压力作用下的破坏试验为例加以说明。

1. 砌体的轴心受压性能

砖砌体的受压试验一般取尺寸为 370 mm×370 mm×970 mm 的标准试件或 240 mm×370 mm×720 mm 的常用试件。为使压力机机头的压力能均匀地传给砌体试件，可在试件两端各加砌一块混凝土垫块，常用垫块为 240 mm×370 mm×200 mm，并配有钢筋网片。轴心受压砖砌体从开始加载直至破坏大致可分为以下三个阶段：

（1）当加载到极限荷载的 50%～70% 时，单块砖内产生细小裂缝，此时若停止增加荷载，单砖内裂缝也不发展，如图 9.4(a) 所示。

（2）随着压力增加，为极限荷载的 80%～90% 时，单砖内的裂缝连接起来形成连续裂缝，沿竖向通过若干皮砌体，此时即使不增加荷载，裂缝仍会继续发展。砌体实际上已接近破坏，而裂缝的逐渐发展即为破坏的过程，如图 9.4(b) 所示。

（3）随着荷载增加到接近极限荷载时，砌体中裂缝发展很快，并连成几条贯通的裂缝，从而将砌体分成若干小柱体，最终因被压碎或者失稳而破坏，如图 9.4(c) 所示。

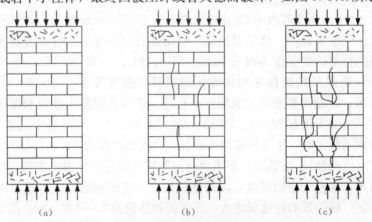

图 9.4　砖砌块的受压破坏

根据上述砖、砂浆和砌体的受压试验结果，砖的抗压强度和弹性模量分别为 16 MPa、1.3×10⁴ MPa；砂浆的抗压强度和弹性模量分别为 1.3～6 MPa、(0.28～1.24)×10⁴ MPa；

砌体的抗压强度和弹性模量分别为 4.5～5.4 MPa、(0.18～0.41)×10^4 MPa。可以发现：砖的抗压强度和弹性模量值均大大高于砌体；砌体的抗压强度和弹性模量可能高于也可能低于砂浆相应的数值。

产生上述结果的原因主要有以下几点：

(1)砌体中的单块砖处于复合受力状态。由于灰缝厚度及密实性不均匀，单块砖受上下不均匀的压力作用，使砖处于压、弯、剪复合受力状态。除此之外，砖本身表面不平整，从而导致其受弯、受剪、受扭的复合受力状态。砌体内砖的受力状况如图 9.5 所示。

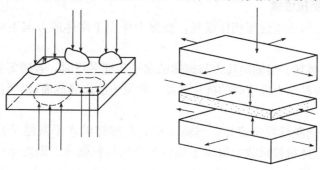

图 9.5　砌体内砖的受力状况

(2)砌体中的砖受有附加水平拉应力。由于砖和砂浆的弹性模量及横向变形系数的不同，砌体受压时要产生横向变形，当砂浆强度较低时，砖的横向变形比砂浆小，在砂浆黏着力与摩擦力的影响下，砖将阻止砂浆的横向变形，从而使砂浆受到横向压力，砖就受到横向拉力。由于砖内出现了附加拉应力，便加快了砖的裂缝出现。

(3)竖向灰缝处存在应力集中。砌体抗压强度低于块体材料强度。砌体内的垂直灰缝往往不能很好地填满，同时，垂直灰缝内砂浆和砖的粘结力也不能保证砌体的整体性。因此，在竖缝隙上的砖内将产生横向拉力和剪力的应力集中，加快砖的开裂。

由上可知，由于影响砌体抗压强度的因素很多，要建立一个相当精确的砌体抗压强度公式较困难，《砌体结构设计规范》(GB 50003—2011)提出了一个较完整、适合各类砌体的强度平均值的计算公式：

砌体轴心抗压强度平均值 f_m：

$$f_m = k_1 f_1^\alpha (1 + 0.07 f_2) k_2 \tag{9-1}$$

砌体强度标准值 f_k：

$$f_k = f_m (1 - 1.645 \delta_f) \tag{9-2}$$

龄期为 28 d 砌体毛截面强度的设计值 f：

$$f = \frac{f_k}{\gamma_f}$$

式中　f_1——块体(砖、石、砌块)的强度等级值；

　　　f_2——砂浆抗压强度平均值；

　　　k_1——与块体类别和砌体砌筑方法有关的参数；

　　　k_2——砂浆强度影响的修正系数；

　　　α——与块体高度有关的参数；

　　　δ_f——砌体强度的变异系数；

γ_f——砌体结构的材料性能分项系数，一般情况下，宜按施工控制等级为 B 级考虑，取 $\gamma_f=1.6$；当为 C 级时，取 $\gamma_f=1.8$。

注：此处只对计算公式进行介绍，对于相关系数的取值请参照《砌体结构设计规范》(GB 50003—2011)。砌体结构抗压强度较高，而轴心抗拉、弯、剪强度较低，因此在建筑结构中主要用于受压，有时也会用来承受拉力、弯矩和剪力，如小型水池、圆形筒仓、挡土墙、过梁和拱支座等，砌体的受拉、受弯和受剪破坏一般发生在砂浆和块体的连接面上，其强度取决于灰缝强度，即砂浆和块体的粘结强度(分为切向粘结和法向粘结强度)。

2. 砌体的轴心受拉性能

砌体的抗拉强度与抗压强度相比很低，按照力作用于砌体的方向不同，可分为以下三种破坏形式：

(1)沿齿缝截面破坏。当轴向拉力与砌体的水平灰缝平行时，若砖等级高，砂浆等级较低，水平灰缝的切向粘结力低于砖的抗拉强度，则发生沿齿缝截面(沿竖向和水平方向的灰缝)的破坏。

(2)沿块体和竖向灰缝截面破坏。当轴向拉力与砌体的水平灰缝平行时，若砂浆等级高，砖等级较低，砌体抗拉承载力取决于块体本身的抗拉强度，则发生沿块体和竖向灰缝截面的破坏。

(3)沿水平通缝截面破坏。当轴向拉力与水平灰缝垂直时，砌体沿水平通缝破坏。此时砌体对抗拉承载力起决定作用的因素是法向粘结力。由于法向粘结力很小不可靠，设计时不允许采用沿通缝界面的轴心受拉构件。

3. 砌体的弯曲受拉性能

与轴心受拉相似，砌体弯曲受拉时，也可能发生三种破坏形态：沿齿缝截面破坏，沿砖与竖向灰缝截面破坏，以及沿通缝截面破坏。砌体的弯曲受拉破坏形态也与块体和砂浆的强度等级有关。

4. 砌体的受剪性能

砌体结构在剪力作用下，可能发生两种破坏：沿阶梯形截面破坏和水平灰缝截面破坏。其中沿阶梯形截面破坏是地震中墙体最常见的破坏形式；沿水平灰缝截面破坏多发生在上下错缝很小砌筑质量很差的砌体中。由于竖向灰缝不饱满，抗剪能力很低，竖向灰缝强度可不予考虑。因此，可以认为这两种破坏的砌体抗剪强度相同。而影响砌体抗剪强度有以下因素：

(1)砂浆和块体的强度。砂浆和块体强度高，其抗剪强度也高。

(2)法向压应力。当垂直压应力较小时，砌体沿通缝受剪，压应力产生的摩擦力将减小或阻止砌体剪切面的水平滑移，而沿通缝截面剪切破坏；当垂直压力增加到一定数值时，砌体的斜截面上有可能因抗主拉应力的强度不足而产生沿阶梯裂缝的破坏。

(3)砌筑质量。与砂浆饱满度和块体的含水率有关。它们影响砌体的质量，因此影响砌体的抗剪强度。

(4)其他因素。如试验方法有单剪、双剪及对角加载等，砌体的抗剪强度与试件的形状、尺寸及加载方式有关。

5. 砌体沿灰缝截面破坏时的轴心抗拉强度设计值

《砌体结构设计规范》(GB 50003—2011)规定，砌体的轴心抗拉、抗弯、抗剪强度平均值分别按下式计算：

$$f_{t,m} = k_3 \sqrt{f_2} \qquad f_{tm,m} = k_4 \sqrt{f_2} \qquad f_{v,m} = k_5 \sqrt{f_2} \qquad (9\text{-}3)$$

式中 $f_{t,m}$——砌体的轴心抗拉强度平均值；

$\quad\quad f_{tm,m}$——砌体的弯曲抗拉强度平均值；

$\quad\quad f_{v,m}$——砌体的抗剪强度平均值。

注：此处只对计算公式进行介绍，对于相关系数的取值请参照《砌体结构设计规范》(GB 50003—2011)附录 B。

6. 砌体的抗压强度值调整

下列情况，砌体的抗压强度值需要调整，其强度设计值应乘以调整系数 γ_a。

(1)对无筋砌体构件，其截面面积小于 0.3 m^2 时，γ_a 为其截面面积加 0.7；对配筋砌体构件，当其中砌体截面面积小于 0.2 m^2 时，γ_a 为其截面面积加 0.8。构件截面面积以"m^2"计。

(2)当砌体用强度等级小于 M5.0 的水泥砂浆砌筑时，对龄期为 28 d 的以毛截面计算的砌体抗压强度设计值[《砌体结构设计规范》(GB 50003—2011)第 3.2.1 条各表中的数值]，γ_a 为 0.9；对龄期为 28 d 的以毛截面计算的各类砌体的轴心抗拉强度设计值、弯曲抗拉强度设计值和抗剪强度设计值[《砌体结构设计规范》(GB 50003—2011)第 3.2.2 条表 3.2.2 中数值]，γ_a 为 0.8。

(3)当验算施工中房屋的构件时，γ_a 为 1.1。

第三节　砌体结构构件承载力计算

一、无筋砌体受压构件承载力计算

无筋砌体受压构件，无论是轴压、偏压，还是短柱、长柱，在工程设计中，其承载力均可按下式进行计算：

$$N \leqslant \varphi f A \qquad (9\text{-}4)$$

式中 N——轴向力设计值；

$\quad\quad \varphi$——高厚比 β 和轴向力的偏心距 e 对受压构件承载力的影响系数；

$\quad\quad f$——砌体的抗压强度设计值；

$\quad\quad A$——截面面积。

注：对矩形截面构件，当轴向力偏心方向的截面边长大于另一方向的边长时，除按偏心受压计算外，还应对较小边长方向，按轴心受压进行验算。对带壁柱墙，当考虑翼缘宽度时，可按《砌体结构设计规范》(GB 50003—2011)第 4.2.8 采用。

(1)构件高厚比 β 是指构件的计算高度 H_0 与其相应的边长 h 的比值，按下式计算：

对矩形截面：

$$\beta = \gamma_\beta \frac{H_0}{h} \qquad (9\text{-}5)$$

对 T 形截面：

$$\beta = \gamma_\beta \frac{H_0}{h_T} \qquad (9\text{-}6)$$

式中　γ_β——不同材料砌体的高厚比修正系数，按表9.3采用，主要考虑不同类型砌体受压性能的差异；

H_0——受压构件的计算高度，按表9.4确定；

h——矩形截面轴向力偏心方向的边长，当轴心受压时为截面较小边长；

h_T——T形截面的折算厚度，$h_T = 3.5i$；

i——截面回转半径，$i = \sqrt{\dfrac{I}{A}}$，I为截面惯性矩，A为截面面积。

表9.3　高厚比修正系数表

砌体材料类别	γ_β
烧结普通砖、烧结多孔砖	1.0
混凝土普通砖、混凝土多孔砖、混凝土及轻集料混凝土砌块	1.1
蒸压灰砂普通砖、蒸压粉煤灰普通砖、细料石	1.2
粗料石、毛石	1.5

注：对灌孔混凝土砌块，γ_β取1.0。

表9.4　受压构件的计算高度 H_0

房屋类别			柱		带壁柱墙或周边拉接的墙		
			排架方向	垂直排架方向	$s>2H$	$2H \geqslant s>H$	$s \leqslant H$
有吊车的单层房屋	变截面柱上段	弹性方案	$2.5H_u$	$1.25H_u$	$2.5H_u$		
		刚性、刚弹性方案	$2.0H_u$	$1.25H_u$	$2.0H_u$		
	变截面柱下段		$1.0H_l$	$0.8H_l$	$1.0H_l$		
无吊车的单层和多层房屋	单跨	弹性方案	$1.5H$	$1.0H$	$1.5H$		
		刚弹性方案	$1.2H$	$1.0H$	$1.2H$		
	多跨	弹性方案	$1.25H$	$1.0H$	$1.25H$		
		刚弹性方案	$1.10H$	$1.0H$	$1.1H$		
	刚性方案		$1.0H$	$1.0H$	$1.0H$	$0.4s+0.2H$	$0.6s$

注：1. 表中 H_u 为变截面柱的上段高度；H_l 为变截面柱的下段高度。
　　2. 对于上端为自由端的构件，$H_0 = 2H$。
　　3. 独立砖柱，当无柱间支撑时，柱在垂直排架方向的 H_0 应按表中数值乘以1.25后采用。
　　4. s 为房屋横墙间距。
　　5. 自承重墙的计算高度应根据周边支承或拉结条件确定。

（2）受压构件的计算高度 H_0，应根据房屋类别和构件支承条件等按表9.4采用。表中的构件高度 H，应按下列规定采用：

1）在房屋底层，为楼板顶面到构件下端支点的距离。下端支点的位置，可取在基础顶面。当埋置较深且有刚性地坪时，可取室外地面下500 mm处。

2）在房屋其他层，为楼板或其他水平支点间的距离。

3）对于无壁柱的山墙，可取层高加山墙尖高度的1/2；对于带壁柱的山墙，可取壁柱处的山墙高度。

《砌体结构设计规范》(GB 50003—2011)规定，轴向力偏心距按荷载设计值计算，即偏心距 $e=\dfrac{M}{N}$，规范对轴向力偏心距要求较严，应满足下式：

$$e \leqslant 0.6y \tag{9-7}$$

式中　y——截面重心到轴向力所在偏心方向截面边缘的距离。

（3）高厚比 β 和轴向力的偏心距 e 对受压构件承载力的影响系数 φ，可按下式计算：

1）单向偏心受压构件。

当 $\beta \leqslant 3$ 时，

$$\varphi = \dfrac{1}{1+12\left(\dfrac{e}{h}\right)^2} \tag{9-8}$$

当 $\beta > 3$ 时，

$$\varphi = \dfrac{1}{1+12\left[\dfrac{e}{h}+\sqrt{\dfrac{1}{12}\left(\dfrac{1}{\varphi_0}-1\right)}\right]^2} \tag{9-9}$$

$$\varphi_0 = \dfrac{1}{1+\alpha\beta^2} \tag{9-10}$$

式中　h——矩形截面轴向力偏心方向的边长；

　　　φ_0——轴心受压构件的稳定系数；

　　　α——与砂浆强度有关的系数；当砂浆强度等级大于等于 M5 时，$\alpha=0.0015$；砂浆强度等级等于 M2.5 时，$\alpha=0.002$；砂浆强度等级等于 0 时，$\alpha=0.009$；

　　　β——构件的高厚比。

2）双向偏心受压构件。双向偏心受压构件如图 9.6 所示，按下列公式计算：

$$\varphi = \dfrac{1}{1+12\left[\left(\dfrac{e_b+e_{ib}}{b}\right)^2+\left(\dfrac{e_h+e_{ih}}{h}\right)^2\right]} \tag{9-11}$$

$$e_{ib} = \dfrac{b}{\sqrt{12}}\sqrt{\dfrac{1}{\varphi_0}-1}\left(\dfrac{\dfrac{e_b}{b}}{\dfrac{e_b}{b}+\dfrac{e_h}{h}}\right) \tag{9-12}$$

$$e_{ih} = \dfrac{h}{\sqrt{12}}\sqrt{\dfrac{1}{\varphi_0}-1}\left(\dfrac{\dfrac{e_h}{h}}{\dfrac{e_b}{b}+\dfrac{e_h}{h}}\right) \tag{9-13}$$

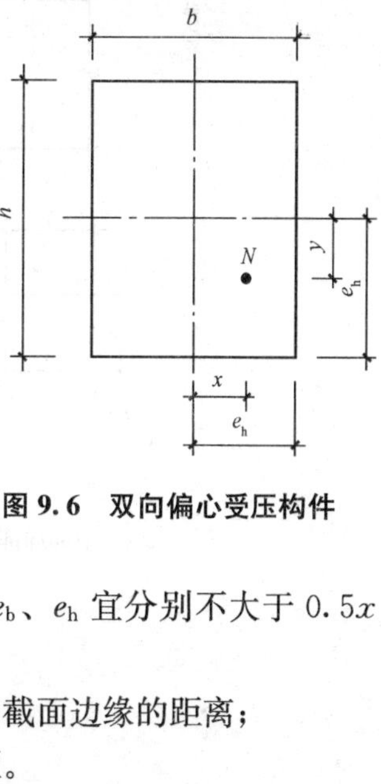

图 9.6　双向偏心受压构件

式中　e_b，e_h——轴向力在截面重心 x 轴、y 轴方向的偏心距，e_b、e_h 宜分别不大于 $0.5x$ 和 $0.5y$；

　　　x，y——自截面重心沿 x 轴、y 轴至轴向力所在偏心方向截面边缘的距离；

　　　e_{ib}，e_{ih}——轴向力在截面重心 x 轴、y 轴方向的附加偏心距。

当一个方向的偏心率（e_b/b 或 e_h/h）不大于另一个方向偏心率的 5% 时，可简化按另一个方向的单向偏心受压。

【例 9-1】　某截面尺寸为 490 mm×620 mm 的烧结普通砖砖柱，砖的强度等级为 MU20，混合砂浆强度等级为 M7.5，则砌体的强度设计值为 2.39 MPa。柱顶受轴向压力设计值 480 kN，施工质量控制等级为 B 级，柱计算高度为 6 m，试验算该柱的承载力是否满足要求。

【解】 考虑砖柱自重后，柱底截面的轴心压力最大，取砖砌体的重度为 19 kN/m³，则砖柱自重设计值 $G=0.49\times0.62\times6\times19\times1.2=41.56$(kN)。

柱底截面轴向力设计值 $N=480+41.56=521.56$(kN)

砖柱高厚比 $\beta=\gamma_{\beta}\dfrac{H_0}{h}=1.0\times\dfrac{6}{0.49}=12.24$

按 $\beta=12.24$，$\dfrac{e}{h}=0$，根据式(9-9)得 $\varphi=0.817$

柱截面面积 $A=0.49\times0.62=0.303\,8\ \text{m}^2>0.3\ \text{m}^2$

由于砌体施工质量控制等级为 B 级，砌体强度设计值不需进行调整。

则 $\varphi fA=0.817\times2.39\times0.49\times0.62\times10^3=593.2\ \text{kN}>N=521.56\ \text{kN}$

所以该柱承载力满足要求。

二、无筋砌体局部受压

局部受压是砌体结构常见的受力形式，其特点是仅在砌体的部分面积上承受压力。例如梁、屋架支承在砖墙上；砖柱支承在砖基础上等。砌体局部受压可分为局部均匀受压和局部不均匀受压。局部均匀受压，可分为中部局部受压[图 9.7(a)]、角部局部受压[图 9.7(b)]、边缘局部受压[图 9.7(c)]、端部局部受压[图 9.7(d)]；局部不均匀受压，一般是由梁端传来的压力作用于墙上，如图 9.8 所示。

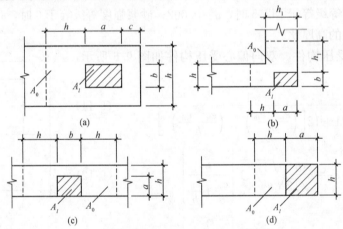

图 9.7 局部受压砌体

(a)中部局部受压；(b)角部局部受压；(c)边缘局部受压；(d)端部局部受压

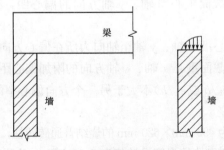

图 9.8 局部不均匀受压

1. 局部均匀受压承载力计算

砌体在局部面积上施加压力时，砌体上作用的局部压力沿着一定的扩散线进行扩散。由于砌体局部受压区的横向变形受到周围未直接承受压力部分的约束，使局部受压砌体处在双向或三向受压状态，其局部抗压强度比一般情况下的抗压强度有较大的提高。

砌体局部均匀受压时承载力可按下式计算：

$$N_l = \gamma f A_l \tag{9-14}$$

式中 N_l——局部受压面积上的轴向力设计值；

　　　γ——砌体局部抗压强度提高系数；

　　　f——砌体的抗压强度设计值，可不考虑强度调整系数 γ_a 的影响；

　　　A_l——局部受压面积。

2. 砌体局部抗压强度提高系数 γ

砌体局部抗压强度提高系数 γ 应按下式进行计算：

$$\gamma = 1 + 0.35\sqrt{\frac{A_0}{A_l} - 1} \tag{9-15}$$

式中 A_0——影响砌体局部抗压强度的计算面积，按图 9.7 确定。

为了防止出现突然的劈裂破坏，砌体局部抗压强度提高系数 γ 还应符合以下要求：

(1)在图 9.7(a)的情况下，$\gamma \leqslant 2.5$。

(2)在图 9.7(b)的情况下，$\gamma \leqslant 1.5$。

(3)在图 9.7(c)的情况下，$\gamma \leqslant 2.0$。

(4)在图 9.7(d)的情况下，$\gamma \leqslant 1.25$。

(5)对多孔砖砌体孔洞难以灌实时，取 $\gamma = 1.0$，当设置混凝土垫块时，按垫块下的砌体局部受压计算。

(6)对按要求灌孔的混凝土砌块砌体，在图 9.7(a)和(c)的情况下，还应符合 $\gamma \leqslant 1.5$；未灌孔混凝土砌块砌体，$\gamma = 1.0$。

3. 影响砌体局部抗压强度的计算面积

影响砌体局部抗压强度的计算面积 A_0，可按下列规定采用：

(1)在图 9.7(a)的情况下，$A_0 = (a + c + h)h$。

(2)在图 9.7(b)的情况下，$A_0 = (a + h)h + (b + h_1 - h)h_1$。

(3)在图 9.7(c)的情况下，$A_0 = (b + 2h)h$。

(4)在图 9.7(d)的情况下，$A_0 = (a + h)h$。

式中 a，b——矩形局部受压面积 A_l 的边长；

　h，h_1——墙厚或柱的较小边长、墙厚；

　　　c——矩形局部受压面积的外边缘至构件边缘的较小距离，当大于 h 时，应取为 h。

【例 9-2】 某砖柱为边长 600 mm 的矩形柱。传递给基础的轴心压力设计值 $N_l = 620$ kN，柱下基础采用 MU10 砖、M2.5 砂浆砌筑，则砌体基础的强度设计值为 1.30 MPa。试按局部受压的强度条件设计基础顶面尺寸。

【解】 $A_l = 600 \text{ mm} \times 600 \text{ mm} = 360\ 000 (\text{mm}^2)$

根据式(9-14)可得 $\gamma \geqslant \dfrac{N_l}{f A_l} = \dfrac{620 \times 10^3}{1.30 \times 360\ 000} = 1.32$

根据式(9-15)可得 $\gamma = 1 + 0.35\sqrt{\dfrac{A_0}{A_l} - 1} \geqslant 1.32$

解得：$A_0 \geqslant 660\,930\ \text{mm}^2$

设计基础为等边矩形基础，柱放置于基础中心。

则根据图 9.7 可知，$l^2 = A_0 \geqslant 660\,930\ \text{mm}^2$

解得：基础边长 $l \geqslant 813\ \text{mm}$，取 $l = 850\ \text{mm}$

$$\gamma = 1 + 0.35\sqrt{\dfrac{A_0}{A_l} - 1} = 1 + 0.35\sqrt{\dfrac{850^2}{360\,000} - 1} = 1.35 < 1.5$$

符合要求。

三、梁端支承处无垫块砌体局部受压

1. 梁端有效支承长度

当梁直接支承在砌体上时，梁端伸入砌体的实际支承长度为 a。由于梁的弯曲和支承处砌体的压缩变形，梁端将与砌体脱开。因此，梁端与砌体接触的有效支承长度为 a_0，而不是实际长度 a。梁端有效支承长度 a_0 可按下式计算：

$$a_0 = 10\sqrt{\dfrac{h_c}{f}} \tag{9-16}$$

式中　h_c——梁的截面高度；

　　　f——砌体的抗压强度设计值。

2. 上部荷载对砌体局部抗压强度的影响

当钢筋混凝土梁支承在砌体墙上时，作用在梁端砌体所承受的压力，除梁端支承压力 N_l 外，还有上部荷载产生的轴向力 N_0。当上部荷载 N_0 增大时，梁端支承面下砌体压缩变形较大，而使梁端顶面与上部砌体接触面减小，甚至脱开，产生水平缝隙。这样，原来由上部荷载传给梁支承面上的 N_0，将通过上部砌体的内拱作用传给梁端周围的砌体。上部荷载 σ_0 的扩散对梁端下局部受压砌体起到了横向约束作用，使砌体局部受压强度略有提高。

试验表明，上部荷载对梁端下受压砌体的影响与 A_0/A_l 的比值有关，当 $A_0/A_l > 3$ 时，不考虑上部荷载的影响。《砌体结构设计规范》(GB 50003—2011)用上部荷载折减系数 ψ 来考虑此影响，表达式为：

$$\psi = 1.5 - 0.5\dfrac{A_0}{A_l} \tag{9-17}$$

式中　A_l——局部受压面积，$A_l = a_0 b$，a_0 为梁端有效支承长度，当 $a_0 > a$ 时，应取 $a_0 = a$，a 为梁端实际支承长度，b 为梁的宽度。

3. 梁端支承处砌体局部受压承载力计算

梁端支承处砌体局部受压承载力可按下式计算：

$$\psi N_0 + N_l \leqslant \eta \gamma f A_l \tag{9-18}$$

$$N_0 = \sigma_0 A_l \tag{9-19}$$

式中　N_0——局部受压面积上部轴向力设计值；

　　　N_l——梁端支承压力设计值；

　　　σ_0——上部平均压应力设计值；

　　　η——梁端底面压应力图形的完整系数，可取 0.7，对于过梁和墙梁取 1.0。

【例 9-3】 已知一简支梁截面尺寸 $b \times h_c = 200\ \text{mm} \times 550\ \text{mm}$，一端支承在房屋外纵墙上，支承长度 $a = 240\ \text{mm}$，墙厚 $h = 240\ \text{mm}$，由荷载设计值产生的梁端支承压力 $N_l = 70\ \text{kN}$，梁端局压处由上部墙体传来的荷载设计值为 80 kN，砌体抗压强度设计值 $f = 1.5\ \text{N/mm}^2$。试验算梁端支承处砌体局部受压承载力是否满足要求。

【解】 根据式(9-16)可得

$$a_0 = 10\sqrt{\frac{h_c}{f}} = 10\sqrt{\frac{550}{1.5}} = 191(\text{mm})$$

$$A_l = a_0 b = 191 \times 200 = 38\ 200(\text{mm}^2)$$

根据图 9.7 可得

$$A_0 = (b + 2h)h = (200 + 2 \times 240) \times 240 = 163\ 200(\text{mm}^2)$$

由于 $\dfrac{A_0}{A_l} = 4.27 > 3$，故 $\psi = 0$

根据式(9-15)可得

$$\gamma = 1 + 0.35\sqrt{\frac{A_0}{A_l} - 1} = 1.633$$

取 $\eta = 0.7$，根据式(9-18)可得

$$\eta \gamma f A_l = 0.7 \times 1.633 \times 1.5 \times 38\ 200 = 65.5(\text{kN})$$

$$N_0 = 80\ \text{kN},\ N_l = 70\ \text{kN},\ \psi N_0 + N_l = 0 \times 80 + 70 = 70(\text{kN})$$

$$\psi N_0 + N_l = 70\ \text{kN} > \eta \gamma f A_l = 65.5\ \text{kN}$$

则局部受压不满足要求。

第四节　网状配筋砌体构件承载力计算

在砖砌体的水平灰缝内，配置一定数量和规格的网状钢筋，砌体与网状钢筋在荷载作用下共同工作称为网状配筋砖砌体(图 9.9)。当砌体纵向受压时，横向发生拉伸变形，网状钢筋受拉。由于钢筋的弹性模量远远大于砌体的弹性模量，因而可以约束砌体的横向变形。

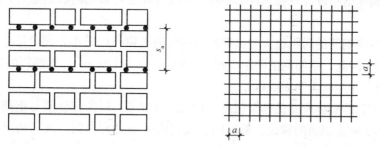

图 9.9　网状配筋砖砌体

网状配筋砖砌体受压构件的承载力可按下式计算：

$$N \leqslant \varphi_n f_n A \tag{9-20}$$

$$f_n = f + 2\left(1 - \frac{2e}{y}\right)\rho f_y \tag{9-21}$$

$$\rho = \frac{(a + b)A_s}{abs_n} \tag{9-22}$$

式中　N——轴向力设计值；

　　　f_n——网状配筋砖砌体抗压强度设计值；

　　　φ_n——高厚比和配筋率以及轴向力的偏心距对网状配筋砖砌体受压构件承载力的影响系数；

　　　A——截面面积；

　　　e——轴向力的偏心距；

　　　y——自截面重心至轴向力所在偏心方向截面边缘的距离；

　　　ρ——体积配筋率；

　　　f_y——钢筋的抗拉强度设计值，当 f_y 大于 320 MPa 时，仍采用 320 MPa；

　a,b——钢筋网的网格尺寸；

　　　A_s——钢筋的截面面积；

　　　s_n——钢筋网的竖向间距。

当承受偏心荷载时，砌体横向配筋的效果将随偏心距的增大而降低。因此，网状配筋砖砌体受压构件还应符合下列规定：

(1)偏心距超过截面核心范围内(对于矩形截面 $e/h>0.17$)，或构件的高厚比 $\beta>16$ 时，均不宜采用网状配筋砖砌体构件。

(2)对矩形截面构件，当轴向力偏心方向的截面边长大于另一方向的边长时，除按偏心受压计算外，还应对较小边长方向按轴心受压进行验算。

(3)当网状配筋砖砌体构件下端与无筋砌体交接时，还应验算交接处无筋砌体的局部受压能力。

对于网状配筋的砖砌体构件，还应符合下列的构造要求：

(1)网状配筋砖砌体构件的体积配筋率过小时，砌体抗压强度提高有限；过大时，钢筋强度不能充分利用。《砌体结构设计规范》(GB 50003—2011)规定，体积配筋率应符合 $0.1\%\leqslant\rho\leqslant1\%$。

(2)灰缝内的钢筋网直径较细，网片易于锈蚀，直径较粗使灰缝加厚，对砌体受力不利。因此，《砌体结构设计规范》(GB 50003—2011)规定，采用网状钢筋时，钢筋的直径宜采用 3~4 mm。

(3)钢筋网中钢筋的间距过大时，钢筋网的横向约束作用较小，间距过小时，灰缝中的砂浆不易密实。因此，钢筋网的间距应符合 30 mm$\leqslant a\leqslant$120 mm。钢筋网的竖向间距 s_n 不应大于五皮砖，并不应大于 400 mm。

(4)网状配筋砖砌体所有的砂浆强度不应低于 M7.5，以保证砂浆与钢筋能够较好的粘结均匀，也利于防止钢筋的锈蚀。钢筋网应放在水平灰缝的中间，灰缝的厚度应保证钢筋上下各有 2 mm 厚的砂浆层。

第五节　砌体结构构造措施

为了保证房屋的耐久性，提高房屋的空间刚度和整体工作性能，防止或减轻砌体房屋墙体的裂缝，砌体结构设计时，墙、柱应满足高厚比及其他构造措施的要求。

一、一般墙、柱高厚比验算

高厚比是保证砌体结构稳定性的重要构造措施之一，高厚比越大，稳定性越差，影响高厚比的主要因素有以下几点：

(1)砂浆强度等级。由于砂浆的强度等级直接影响砌体的弹性模量，所以砂浆的强度等级是影响砌体允许高厚比的一个重要因素。

(2)横墙间距。由于横墙的间距直接影响砌体的稳定性和刚度，间距越大，稳定性和刚度越差，则允许高厚比越小。

(3)构造的支承条件。采用刚性方案时，墙柱可以采用较大的允许高厚比；采用弹性或者刚弹性方案时，墙柱采用较小的允许高厚比。

(4)砌体的截面形式。当墙体上门窗洞口的面积较大时，截面惯性矩较小，对墙体的稳定性不利，应采用较小的允许高厚比。

(5)墙体的重要性。对于承重墙等主要结构构件，应采用较小的允许高厚比，对于非承重墙允许高厚比可适当提高。

墙、柱的高厚比可按下式进行验算：

$$\beta = \frac{H_0}{h} \leqslant \mu_1 \mu_2 [\beta] \tag{9-23}$$

式中　H_0——墙、柱的计算高度；

h——墙厚或矩形柱与 H_0 相对应边长，对厚度小于 90 mm 的墙，当双面用不低于 M10 的水泥砂浆抹面，包括抹面层的墙厚不小于 90 mm 时，可按墙厚等于 90 mm 验算高厚比；

μ_1——自承重墙允许高厚比的修正系数，对承重墙，$\mu_1 = 1.0$；对自承重墙，$h = 240$ mm 时，$\mu_1 = 1.2$，$h = 90$ mm 时，$\mu_1 = 1.5$，其间取值按线性插入法取值；

μ_2——有门窗洞口墙允许高厚比的修正系数；

$[\beta]$——墙、柱的允许高厚比。

注：当与墙连接的相邻两横墙间的距离 $s \leqslant \mu_1 \mu_2 [\beta] h$ 时，墙的高度可不受式(9-23)限制。

有门窗洞口的墙允许高厚比的修正系数 μ_2，可按下式计算：

$$\mu_2 = 1 - 0.4 b_s / s \tag{9-24}$$

式中　b_s——在宽度 s 范围内的门窗洞口宽度；

s——相邻窗间墙或壁柱之间的距离。

若算得的 μ_2 小于 0.7 时，仍采用 0.7；当洞口高度等于或小于墙高的 1/5 时，可取 $\mu_2 = 1.0$。当洞口高度大于等于墙高的 4/5 时，可按独立墙段验算高厚比。

对于变截面柱的高厚比可按上、下截面分别验算，其计算高度按表 9.4 采用。验算上柱的高厚比时，墙、柱的允许高厚比，可按表 9.5 的数值乘以 1.3 后采用。

表 9.5　墙、柱的允许高厚比[β]

砌体类型	砂浆强度等级	墙	柱
无筋砌体	M2.5	22	15
	M5.0 或 Mb5.0、Ms5.0	24	16
	≥M7.5 或 Mb7.5、Ms7.5	26	17

砌体类型	砂浆强度等级	墙	柱
配筋砌块砌体	—	30	21

注: 1. 毛石墙、柱的允许高厚比应按表中数值降低 20%。

2. 带有混凝土或砂浆面层的组合砖砌体构件的允许高厚比，可按表中数值提高 20%，但不得大于 28。

3. 验算施工阶段砂浆尚未硬化的新砌砌体高厚比时，允许高厚比对墙取 14，对柱取 11。

二、带壁柱墙和带构造柱墙的高厚比验算

(1)带壁柱墙的高厚比按式(9-25)验算：

$$\beta=\frac{H_0}{h_T}\leqslant\mu_1\mu_2[\beta] \tag{9-25}$$

式中 h_T——带壁柱墙截面的折算厚度，$h_T=3.5i$；

i——带壁柱墙截面的回转半径，$i=\sqrt{\dfrac{I}{A}}$；

I，A——带壁柱墙截面的惯性矩和面积。

确定带壁柱墙的计算高度 H_0 时，墙长 s 取相邻横墙间的距离。

(2)带构造柱墙的高厚比按式(9-26)验算：

$$\beta=\frac{H_0}{h}\leqslant\mu_c\mu_1\mu_2[\beta] \tag{9-26}$$

$$\mu_c=1+\gamma b_c/l \tag{9-27}$$

式中 μ_c——墙允许高厚比提高系数；

γ——系数，按表 9.6 采用；

b_c——构造柱沿墙长方向的宽度；

l——构造柱的间距。

当 $b_c/l>0.25$ 时，取 $b_c/l=0.25$；当 $b_c/l<0.05$ 时，取 $b_c/l=0$。

表 9.6　γ 取值表

砌体类别	γ
细料石砌体	0
混凝土砌块、混凝土多孔砖粗料石、毛料石及毛石砌体	1.0
其他砌体	1.5

【例 9-4】 某外纵墙为非承重墙，墙厚 240 mm，房屋开间 4.5 m，每开间居中设置一个 3 m 宽的窗洞，墙体计算高度 $H_0=3.5$ m，墙体允许高厚比$[\beta]=24$，试验算外纵墙的高厚比是否满足要求。

【解】 (1)确定高厚比。

根据式(9-23)可得，$\beta=\dfrac{H_0}{h}=\dfrac{3\ 500}{240}=14.6$

(2)参数计算。

外墙为非承重墙，且 $h=240$ mm，则可知 $\mu_1=1.2$。由于 $s=4.5$ m，$b_s=3$ m，则根据式(9-24)可得，$\mu_2=1-0.4b_s/s=1-0.4\times3/4.5=0.73$

则 $\mu_1\mu_2[\beta]=1.2\times0.73\times24=21$

(3)高厚比验算。

$\beta=14.6<21$

外纵墙高厚比满足要求。

 **本章小结**

(一)砌体结构和砌体分类

由砖、石等砌块组成，并用砂浆粘结而成的材料称为砌体。由砌体作为建筑物的主要受力构件的结构称为砌体结构。

砌体结构的优点有：取材方便，耐久性和耐火性好，保温、隔热、隔声性能好以及造价低。

砌体结构也存在着以下缺点：强度低、自重大、劳动强度高和采用黏土砖占地多。

砌体可分为无筋砌体和配筋砌体。无筋砌体不配置钢筋，根据块材种类不同，可分为砖砌体、砌块砌体和石砌体。为了提高砌体的承载力，减小构件尺寸，可在砌体内配置适当的钢筋形成配筋砌体。配筋砌体可分为网状配筋砌体、组合砖砌体、砖砌体和钢筋混凝土构造柱形成的组合墙及配筋砌块砌体。

(二)砌体的力学性能

砌体的抗压强度高，而抗拉、抗弯、抗剪强度很低。

轴心受压砖砌体从开始加载直至破坏大致可分为三阶段。

砌体的抗拉强度与抗压强度相比很低，按照力作用于砌体的方向不同，分为三种破坏形式：即沿齿缝截面破坏、沿块体和竖向灰缝截面破坏和沿水平通缝截面破坏。

与轴心受拉相似，砌体弯曲受拉时，也可能发生三种破坏形态：沿齿缝截面破坏，沿砖与竖向灰缝截面破坏，以及沿通缝截面破坏。砌体的弯曲受拉破坏形态也与块体和砂浆的强度等级有关。

砌体结构在剪力作用下，可能发生两种破坏：沿水平灰缝截面破坏和沿阶梯形截面破坏。

(三)砌体结构承载力计算

构件的高厚比和轴向力偏心距是影响无筋砌体受压承载力的主要因素。在计算中通过高厚比 β 和轴向力的偏心距 e 考虑受压构件承载力的影响系数 φ 的影响。

砌体局部受压包括局部均匀受压和非均匀受压。砌体局部抗压强度高于其全截面的抗压强度，通过局部抗压强度提高系数 γ 来考虑。

(四)砌体构造要求

高厚比是保证砌体结构稳定性的重要构造措施之一，高厚比越大，稳定性越差。影响高厚比的主要因素有：砂浆强度等级、横墙间距、构造的支承条件、砌体的截面形式和墙体的重要性。

对于承重墙等主要结构构件，应采用较小的允许高厚比，对于非承重墙允许高厚比可适当提高。

墙、柱的高厚比验算公式：$\beta=\dfrac{H_0}{h}\leqslant\mu_1\mu_2[\beta]$。

1. 什么是砌体结构？它有哪些优缺点？

2. 如何确定砌体材料和砂浆的等级？

3. 影响砌体抗压强度的因素有哪些？

4. 什么是墙、柱的高厚比？为什么要验算高厚比？

5. 影响高厚比的因素有哪些？

6. 某截面尺寸为 500 mm×600 mm 的普通黏土砖柱，砖的强度等级为 MU20，混合砂浆强度等级为 M7.5，柱顶受轴向压力设计值 500 kN，施工质量控制等级为 B 级，柱计算高度为 5 m，试验算该柱的承载力是否满足要求。

7. 某多层砖混结构，房屋开间为 4 m，每开间有 1.8 m 宽的窗，墙厚为 240 mm，墙体计算高度为 5 m，砂浆强度等级为 M2.5。试验算该承重墙的高厚比是否满足要求。

第十章 钢结构简介

本章重点

钢结构的类型和特点；钢材的力学性能、化学成分、类型和规格；钢结构的连接方式；钢屋盖的组成。

第一节 钢结构概述

一、钢结构的类型

钢结构是建筑工程中应用比较广泛的一种建筑结构。常见的钢结构有以下几种：

(1)大跨结构。结构跨度越大，自重在荷载中所占的比例就越大，减轻结构的自重会带来明显的经济效益。钢材强度高、结构质量轻的优势正好适合于大跨结构，因此，钢结构在大跨空间结构和大跨桥梁结构中得到了广泛的应用。所采用的结构形式有空间桁架、网架、网壳、悬索、张弦梁、实腹或格构式拱架和框架等。

(2)工业厂房。吊车起重量较大或者其工作较繁重的车间的主要承重骨架多采用钢结构。另外，有强烈辐射热的车间，也经常采用钢结构，结构形式多为由钢屋架和阶形柱组成的门式刚架或排架，也有采用网架做屋盖的结构形式。近年来，随着压型钢板等轻型屋面材料的采用，轻钢结构工业厂房得到了迅速的发展，其结构形式主要为实腹式变截面门式刚架。

二、钢结构的特点

(1)强度高，质量轻，适用于建造跨度大、承载重的结构。

(2)塑性和韧性好。结构在一般条件下不会因超载而突然破坏，适宜在动力荷载下工作。

(3)材质均匀和力学计算的假定比较符合。钢材内部组织比较均匀，接近各向同性，实际受力情况和工程力学计算结果比较符合。

(4)钢结构制作简便，施工工期短。钢结构加工制作简便，连接简单，安装方便，施工周期短。

(5)钢结构密闭性较好。水密性和气密性较好，适宜建造密闭的板壳结构。

(6)钢结构耐腐蚀性差。容易腐蚀，处于较强腐蚀性介质内的建筑物不宜采用钢结构。

(7)钢材耐热但不耐火。温度在 200 ℃ 以内时，钢材主要力学性能降低不多。温度超过 200 ℃后，不仅强度逐步降低，还会发生兰脆和徐变现象。温度达到 600 ℃时，钢材进入塑性状态不能继续承载。

三、钢材的力学性能

(1)强度性能。如图 10.1 所示，Oa 段为直线，表示钢材具有完全弹性性质，a 点应力 f_a 称为比例极限。随着荷载的增加，曲线出现 ab 段，b 点的应力 f_y 称为屈服点。超过屈服平台，材料出现应变硬化，曲线上升，直至曲线最高处的 e 点，这点的应力 f_u 称为抗拉强度或极限强度。

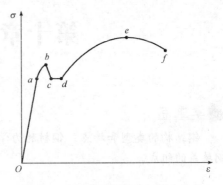

图 10.1　低碳钢典型应力-应变曲线

当以屈服点的应力 f_y 作为强度设计值时，de 段便称为材料的强度储备。

(2)塑性性能。试件被拉断时的绝对变形值与试件原标距之比的百分数，称为伸长率。伸长率代表材料在单向拉伸时的塑性应变能力。

(3)耐疲劳性。钢材在循环荷载作用下，应力低于极限强度，甚至低于屈服强度，但仍然会发生断裂破坏，这种破坏形式就称为疲劳破坏。材料总是有"缺陷"的，在反复荷载作用下，先在其缺陷发生塑性变形和硬化而生成一些极小的裂痕，此后这种微观裂痕逐渐发展成宏观裂纹，试件截面削弱，而在裂纹根部出现应力集中现象，使材料处于三向拉伸应力状态，塑性变形受到限制，当反复荷载达到一定的循环次数时，材料终于破坏，并表现为突然的脆性断裂。

(4)冷弯性能。冷弯性能由冷弯试验确定。试验时使试件弯成 180°，如试件外表面不出现裂纹和分层，即为合格。冷弯性能合格是鉴定钢材在弯曲状态下的塑性应变能力和钢材质量的综合指标。

(5)冲击韧性。韧性是钢材强度和塑性的综合指标。

由于低温对钢材的脆性破坏有显著影响，在寒冷地区建造的结构不但要求钢材具有常温(20 ℃)冲击韧性指标，还要求具有负温(0 ℃、−20 ℃或−40 ℃)冲击韧性指标，以保证结构具有足够的抗脆性破坏能力。

四、钢材的化学成分

(1)碳(C)。钢材强度的主要来源，但是随其含量增加，强度增加，塑性、冷弯、冲击、抗疲劳降低，可焊性降低，抗腐蚀性降低。

(2)硫(S)。有害元素，引起热脆和分层。

(3)磷(P)。有害元素，增加钢的冷脆性，抗腐蚀性略有提高，但可焊性、塑性和韧性降低。

(4)锰(Mn)。合金元素，是弱脱氧剂，与 S 形成 MnS(熔点为 1 600 ℃)，可以消除一部分 S 的有害作用，改善钢的冷脆倾向，但对焊接不利，不宜过多。

(5)硅(Si)。合金元素，是强脱氧剂，可细化精粒，提高强度，且不影响其他性能，但过量会恶化焊接性和抗锈性。

(6)钒(V)。合金元素，细化晶粒，提高强度，其碳化物具有高温稳定性，适用于受荷较大的焊接结构。

(7)氧(O)。有害杂质，降低钢材的力学性能，特别是降低韧性，还促进钢材的时效敏感性，使热脆性增加，可焊性变差。

(8)氮(N)。有害杂质，使钢材塑性下降，韧性显著下降，加剧钢材的时效敏感性和冷脆性。

五、钢材的分类和规格

1. 钢材的分类

(1)按脱氧方法，钢可分为沸腾钢(F)、镇静钢(Z)和特殊镇静钢(TZ)，镇静钢和特殊镇静钢的代号可以省去。镇静钢脱氧充分，沸腾钢脱氧较差。一般采用镇静钢。

(2)按化学成分，钢可分为碳素钢和合金钢。在建筑工程中采用的是碳素结构钢、低合金高碳素结构钢。按质量等级分为 A、B、C、D 四级，A 级钢只保证抗拉强度、屈服点、伸长率，必要时尚可附加冷弯试验的要求，化学成分碳、锰可以不作为交货条件。B、C、D 级钢保证抗拉强度、屈服点、伸长率、冷弯和冲击韧性(分别为＋20 ℃、0 ℃、－20 ℃)等力学性能，化学成分碳、硫、磷的极限含量。

钢的牌号由代表屈服点的字母 Q、屈服点数值、质量等级符号(A、B、C、D)、脱氧方法符号四个部分按顺序组成。根据钢材厚度(直径)＜16 mm 时的屈服点数值，分为 Q195、Q215、Q235、Q255、Q275，钢结构一般仅用 Q235，钢的牌号根据需要可为 Q235－A；Q235－B；Q235－C；Q235－D 等。

2. 钢材的规格

钢结构所用钢材主要为热轧成型的钢板和型钢，以及冷加工成型的冷轧薄钢板和冷弯薄壁型钢等。为了减少制作工作量和降低造价，钢结构的设计和制作者应对钢材的规格有较全面的了解。

(1)钢板。钢板有厚钢板、薄钢板、扁钢(或带钢)之分。厚钢板常用作大型梁、柱等实腹式构件的翼缘和腹板，以及节点板等；薄钢板主要用来制造冷弯薄壁型钢；扁钢可用作焊接组合梁、柱的翼缘板、各种连接板、加劲肋等，钢板截面的表示方法是在符号"—"后加"宽度×厚度"，如—200×20 等。钢板的供应规格如下：

厚钢板：厚度 4.5～60 mm，宽度 600～3 000 mm，长度 4～12 m；

薄钢板：厚度 0.35～4 mm，宽度 500～1 500 mm，长度 0.5～4 m；

扁钢：厚度 4～60 mm，宽度 12～200 mm，长度 3～9 m。

(2)热轧型钢。常用的有角钢、工字钢、槽钢、钢管等，如图 10.2 所示。

(a)　　　　　　(b)　　　　　　(c)　　　　　　(d)

图 10.2　热轧型钢及冷弯薄壁型钢

(a)角钢；(b)工字钢；(c)槽钢；(d)冷弯薄壁型钢

1)角钢可分为等边(也叫等肢)的和不等边(也叫不等肢)的两种，主要用来制作桁架等格构式结构的杆件和支撑等连接杆件。角钢型号的表示方法为在符号"∟"后加"长边宽×短边宽×厚度"(对不等边角钢，如∟125×80×8)，或加"边长×厚度"(对等边角钢，如∟125×8)。目前我国生产的角钢最大边长为 200 mm，角钢的供应长度一般为 4～19 m。

2)工字钢有普通工字钢、轻型工字钢和 H 型钢三种。普通工字钢和轻型工字钢的两个主轴方向的惯性矩相差较大，不宜单独用作受压构件，宜用作腹板平面内受弯的构件，或由工字钢和其他型钢组成的组合构件或格构式构件。宽翼缘 H 型钢平面内外的回转半径较接近，可单独用作受压构件。

①普通工字钢的型号用符号"I"后加截面高度的厘米数来表示，20 号以上的工字钢，按腹板的厚度不同，分为 a、b 或 a、b、c 等类别，例如 I20a 表示高度为 200 mm，腹板厚度为 a 类的工字钢。轻型工字钢的翼缘要比普通工字钢的翼缘宽而薄，回转半径较大。普通工字钢的型号为 10～63 号，轻型工字钢为 10～70 号，供应长度均为 5～19 m。

②H 型钢与普通工字钢相比，其翼缘板的内外表面平行，便于与其他构件连接。H 型钢的基本类型可分为宽翼缘(HW)、中翼缘(HM)及窄翼缘(HN)三类。还可剖分成 T 型钢供应，代号分别为 TW、TM、TN。H 型钢和相应的 T 型钢的型号分别为代号后加"高度 h×宽度 b×腹板厚度 t_1×翼缘厚度 t_2"，例如 HW400×400×13×21 和 TW200×400×13×21 等。宽翼缘和中翼缘 H 型钢可用于钢柱等受压构件，窄翼缘 H 型钢则适用于钢梁等受弯构件。目前，国内生产的最大型号 H 型钢为 HN700×300×13×24。供货长度可与生产厂家协商，长度大于 24 m 的 H 型钢不成捆交货。

3)槽钢有普通槽钢和轻型槽钢两种。适于作檩条等双向受弯的构件，也可用其组成组合或格构式构件。槽钢的型号与工字钢相似，例如 [32a 指截面高度为 320 mm，腹板较薄的槽钢。目前国内生产槽钢的最大型号为 [40c，供货长度为 5～19 m。

4)钢管有无缝钢管和焊接钢管两种。由于回转半径较大，常用作桁架、网架、网壳等平面和空间格构式结构的杆件；在钢管混凝土柱中也有广泛的应用。型号可用代号"ϕ"后加"外径 d×壁厚 t"表示，如 ϕ180×8 等。国产热轧无缝钢管的最大外径可达 630 mm，供货长度为 3～12 m。焊接钢管的外径可以做得更大，一般由施工单位卷制。

冷弯薄壁型钢如图 10.2(d)所示，采用 1.5～6 mm 厚的钢板经冷弯、辊压成型的型材和采用 0.4～1.6 mm 的薄钢板经辊压成型的压型钢板，其截面形式和尺寸均可按受力特点合理设计，能充分利用钢材的强度，节约钢材，在国内外轻钢建筑结构中被广泛地应用。近年来，冷弯高频焊接圆管和方、矩形管的生产和应用在国内有了很大的进展，冷弯型钢的壁厚已达 12.5 mm(部分生产厂可达 22 mm，国外为 25.4 mm)。

第二节　钢结构的连接

钢结构的连接方法有焊缝连接、铆钉连接和螺栓连接三种(图 10.3)。

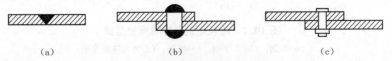

(a)　　　　　　　　(b)　　　　　　　　(c)

图 10.3　钢结构的连接方式

(a)焊缝连接；(b)铆钉连接；(c)螺栓连接

(1)焊缝连接。焊缝连接是通过电弧产生的热量使焊条和焊件局部熔化，经冷却凝结成焊缝，从而将焊件连接成为一体。焊缝连接不削弱构件截面，节约钢材，构造简单，制造方便，连接刚度大，密封性能好，在一定条件下易于采用自动化作业，生产效率高。但是焊缝附近钢材因焊接高温作用形成的热影响区可能使某些部位材质变脆；焊接过程中钢材受到分布不均匀的高温和冷却，使结构产生焊接残余应力和残余变形，对结构的承载力、刚度和使用性能有一定影响；焊接结构由于刚度大，局部裂纹一经发生很容易扩展到整体，尤其是在低温下易发生脆断；焊缝连接的塑性和韧性较差，施焊时可能产生缺陷，使疲劳强度降低。

（2）铆钉连接。铆钉连接是将一端带有半圆形预制钉头的铆钉，将钉杆烧红后迅速插入连接件的钉孔中，然后用铆钉枪将另一端也打铆成钉头，以使连接达到紧固。铆接传力可靠，塑性、韧性均较好，质量易于检查和保证，可用于重型和直接承受动力荷载的结构。但铆接工艺复杂、制造费工费料，且劳动强度高，故已基本被焊接和高强度螺栓连接所取代。

（3）螺栓连接。螺栓连接是通过螺栓这种紧固件把连接件连接成为一体。螺栓连接可分为普通螺栓连接和高强度螺栓连接两种。螺栓连接施工工艺简单、安装方便，特别适用于工地安装连接，也便于拆卸，适用于需要装拆结构和临时性连接。但螺栓连接需要在板件上开孔和拼装时对孔，增加制造工作量，且对制造的精度要求较高；螺栓孔还使构件截面削弱，且被连接件常需相互搭接或增设辅助连接板（或角钢），因而构造较繁且多，费钢材。

一、焊缝的形式与构造

焊缝连接可分为对接连接、搭接连接、T 形连接和角接连接四种形式（图 10.4）。

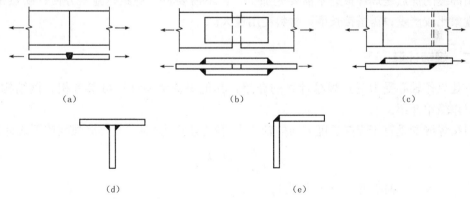

（a）　　　　　　　　　（b）　　　　　　　　　（c）

（d）　　　　　　　　　（e）

图 10.4　焊缝连接形式
（a）用对接焊缝的对接连接；（b）用拼接板和角焊缝的对接连接；（c）用角焊缝的搭接连接；
（d）T 形连接；（e）角部连接

焊缝的形式是指焊缝本身的截面形式，主要有对接焊缝和角焊缝两种形式（图 10.4）。

1. 对接焊缝

（1）对接焊缝的截面形式。对接焊缝传力均匀平顺，无明显的应力集中，受力性能较好。但对接焊缝连接要求下料和装配的尺寸准确，保证相连板件间有适当空隙，还需要将焊件边缘开坡口，制造费工。用对接焊缝连接的板件常开成各种形式的坡口，焊缝金属填充在坡口内。对接焊缝板边的坡口形式有 I 形、单边 V 形、V 形、J 形、U 形、K 形和 X 形等。

（2）对接焊缝的构造。当焊件厚度很小（$t \leqslant 10$ mm）时，可采用 I 形坡口；对于一般厚度

($t = 10 \sim 20$ mm)的焊件，可采用单边 V 形或 V 形坡口，以便斜坡口和间隙 b 组成一个焊条能够运转的空间，使焊缝易于焊透；对于厚度较厚的焊件($t > 20$ mm)，应采用 U 形、K 形或 X 形坡口。

2. 角焊缝

角焊缝位于板件边缘，传力不均匀，受力情况复杂，受力不均匀容易引起应力集中；但因不需开坡口，尺寸和位置要求精度稍低，使用灵活，制造方便，故得到广泛应用。

(1)角焊缝的焊脚尺寸 h_f 不得小于 $1.5\sqrt{t}$，t 为较厚焊件厚度(当采用低氢型碱性焊条施焊时，t 可采用较薄焊件的厚度)。但对自动焊，最小焊脚尺寸可减小 1 mm，对 T 形连接的单面角焊缝，应增加 1 mm，当焊件厚度等于或小于 4 mm 时则最小焊脚尺寸应与焊件厚度相同。

(2)角焊缝的焊脚尺寸不宜大于较薄焊件厚度的 1.2 倍(钢管结构除外)。板件(厚度为 t)边缘的角焊缝最大焊脚尺寸，还应符合下列要求：当 $t \leqslant 6$ mm 时，$h_f \leqslant t$；当 $t > 6$ mm，$h_f \leqslant t - (1 \sim 2)$ mm。

(3)角焊缝的两焊脚尺寸一般相等。当焊件的厚度相差较大且等焊脚尺寸不能符合上述第(1)、(2)条要求时，可采用不等焊脚尺寸，与较薄焊件接触的焊脚边应符合上述第(2)条的要求；与较厚焊件接触的焊脚边应符合上述第(1)条的要求。

(4)侧面角焊缝和正面角焊缝的计算长度不得小于 $8h_f$ 和 40 mm。

(5)侧面角焊缝的计算长度不宜大于 $60h_f$，当大于上述数值时，其超过部分在计算中不予考虑。

角焊缝的优点是焊件板边不需要先加工，也不需要校正缝距，施工方便；缺点是应力集中现象比较严重；需搭接长度，材料耗用量大。

二、焊缝计算

本处只作轴心受力对接焊缝计算的介绍，其他焊缝类型计算可参考相关钢结构书籍，本章只作简单介绍。

对接焊缝受垂直于焊缝长度方向的轴心力(拉力或压力)时，其焊缝强度按下式计算：

$$\sigma = \frac{N}{l_w t} \leqslant f_t^w \text{ 或 } f_c^w \tag{10-1}$$

式中　　　N——轴心力(拉力或压力)；

l_w——焊缝的计算长度，当未采用引弧板施焊时每条焊缝取实际长度减去 $2t$，即当采用引弧板施焊时，取焊缝的实际长度；

t——在对接接头中取连接件的较小厚度，在 T 形接头中取腹板厚度；

f_t^w，f_c^w——对接焊缝的抗拉、抗压强度设计值。

三、螺栓连接

螺栓连接可分为普通螺栓连接和高强度螺栓连接两种。

1. 普通螺栓连接

普通螺栓可分为 A、B、C 三级。其中 A 级和 B 级为精制螺栓，须经车床加工精制而成，尺寸准确，表面光滑，要求配用 I 类孔。其抗剪性能比 C 级螺栓好，但成本高，安装困难，故较少采用。C 级螺栓为粗制螺栓，加工粗糙，尺寸不是很准确，只要求 II 类孔。C

级螺栓传递剪力时，连接的变形大，但传递拉力的性能尚好，且成本低，故多用于承受拉力的安装螺栓连接、次要结构和可拆卸结构的受剪连接及安装时的临时连接。

(1)螺栓的规格。钢结构采用的普通螺栓形式为六角头型，其代号用字母 M 和公称直径的毫米数表示。螺栓直径 d 应根据整个结构及其主要连接的尺寸和受力情况选定，受力螺栓一般采用 M16、M20、M24 等。

(2)螺栓的排列。螺栓的排列有并列和错列两种基本形式(图 10.5)。并列布置简单，但栓孔对截面削弱较大；错列布置紧凑，可减少截面削弱，但排列较繁杂。

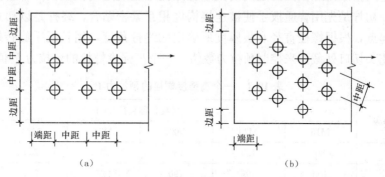

图 10.5　螺栓的排列

(a)并列；(b)错列

螺栓在构件上的排列应同时考虑受力要求、构造要求及施工要求。据此，《钢结构设计规范》(GB 50017—2003)规定了螺栓最小和最大容许距离。

从受力角度出发，螺栓端距不能太小，否则孔前钢板有被剪坏的可能；螺栓端距也不能过大，螺栓端距过大不仅会造成材料的浪费，对受压构件还会发生压屈鼓肚现象。

从构造角度考虑，螺栓的栓距及线距不宜过大，否则被连接构件间的接触不紧密，潮气就会侵入板件间的缝隙内，造成钢板锈蚀。

从施工角度来说，布置螺栓还应考虑拧紧螺栓时所必需的施工空隙。

2. 高强度螺栓连接

高强度螺栓连接传递剪力的原理和普通螺栓连接不同，后者靠螺栓杆承压和抗剪来传递剪力，而高强度螺栓连接主要是靠被连接板件间的强大摩擦阻力来传递剪力。可见，要保证高强度螺栓连接的可靠性，必须首先保证被连接板件间具有足够大的摩擦阻力。

高强度螺栓连接的优点是施工简便、受力好、耐疲劳、可拆换、工作安全可靠。因此，已广泛用于钢结构连接中，尤其适用于承受动力荷载的结构中。

高强度螺栓连接主要是靠被连接板件间的强大摩阻力来抵抗外力。高强度螺栓连接受剪力时，按其传力方式又可分为摩擦型和承压型两种。

其中摩擦型高强螺栓连接单纯依靠被连接件间的摩阻力传递剪力，以摩阻力刚被克服，连接钢板间即将产生相对滑移为承载能力极限状态。其对螺栓孔的质量要求不高(Ⅱ类孔)，但为了增大被连接板件接触面间的摩阻力，对连接的各接触面应进行处理。而承压型高强度螺栓连接的传力特征是剪力超过摩擦力时，各连接件间发生相互滑移，螺栓杆身与孔壁接触，螺杆受剪，孔壁承压，以螺栓受剪或钢板承压破坏为承载能力极限状态，其破坏形式同普通螺栓连接。其承载力比摩擦型高，可节约螺栓。但因其剪切变形比摩擦型大，故只适用于承受静力荷载和对结构变形不敏感的结构中，不得用于直接承受动力荷载的结构中。

为保证高强度螺栓连接具有连接所需要的摩擦阻力，必须采用高强度钢材，在螺栓杆轴方向应有强大的预拉力(其反作用力使被压接板件受压)，且被连接板件间应通过处理使其具有较大的抗滑移系数。

(1)高强度螺栓的预拉力。高强度螺栓的预拉力，是通过拧紧螺帽实现的。一般采用扭矩法、转角法和扭断螺栓尾部法来控制预拉力。扭矩法是采用可直接显示扭矩的特制扳手，根据事先测定的扭矩与螺栓拉力之间的关系施加扭矩至规定的扭矩值；转角法可分为初拧和终拧两步，初拧是先用普通扳手使被连接构件相互紧密贴合，终拧是以初拧贴紧做出的标记位置为起点，根据螺栓直径和板厚度所确定的终拧角度，用长扳手旋转螺母，拧至预定角度的梅花头切口处截面来控制预拉力数值。一个高强度螺栓的预拉力 P 值见表 10.1。

表 10.1 　一个高强度螺栓的预拉力 P 　　　　　　　　kN

螺栓的性能等级	螺栓公称直径/mm					
	M16	M20	M22	M24	M27	M30
8.8 级	80	125	150	175	230	280
10.9 级	100	155	190	225	290	355

(2)高强度螺栓连接的摩擦面抗滑移系数。高强度螺栓连接的摩擦阻力的大小与螺栓的预拉力和连接件间的摩擦面的抗滑移系数 μ 有关。摩擦面抗滑移系数 μ 值见表 10.2。

表 10.2　摩擦面的抗滑移系数 μ

在连接处构件接触面的处理方法	构件的钢号		
	Q235 钢	Q345 钢、Q390 钢	Q420 钢
喷砂(丸)	0.45	0.50	0.50
喷砂(丸)后涂无机富锌漆	0.35	0.40	0.40
喷砂(丸)后生赤锈	0.45	0.50	0.50
钢丝刷清除浮锈或未经处理干净轧制表面	0.30	0.35	0.40
注：当连接构件采用不同钢号时，μ 值应按相应的较低值取用。			

(3)高强度螺栓的排列。高强度螺栓的排列要求与普通螺栓相同。

第三节　钢屋盖简介

钢屋盖结构主要由屋面板或檩条、屋架和支撑组成，有的还设有托架和天窗架等构件(图 10.6)。

根据屋面材料和屋面结构布置情况的不同，钢屋盖可分为无檩屋盖和有檩屋盖两种(图 10.6)。当屋面材料采用预应力大型屋面板时，屋面荷载可通过大型屋面板直接传给屋架，这种屋盖体系称为无檩屋盖；当屋面材料采用瓦楞铁皮、石棉瓦、波形钢板和钢丝网水泥板等时，屋面荷载要通过檩条传给屋架，这种体系称为有檩屋盖。

两种屋盖体系各有优缺点，具体设计时应根据建筑物使用要求、结构特性、材料供应情况和施工条件等综合考虑而定。

一般中型厂房，特别是重型厂房，由于对横向刚度要求较高，宜采用大型屋面板的无檩屋盖；而对于中、小型特别是不需要做保温层的房屋，则宜采用具有轻型屋面材料的有檩屋盖。

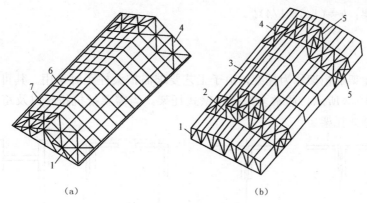

图 10.6　屋盖结构布置

(a)有檩屋盖；(b)无檩屋盖

1—屋架；2—天窗架；3—大型屋面板；4—上弦横向水平支撑；5—垂直支撑；6—檩条；7—拉条

一、钢屋架

钢屋架的形式有三角形屋架、梯形屋架和平行弦屋架等，如图 10.7 所示。三角形屋架适用于陡坡屋面的有檩体系屋盖；梯形屋架适用于屋面坡度较为平缓的无檩体系屋盖，它与简支受弯构件的弯矩图形比较接近，弦杆受力比较均匀，用料比较经济。

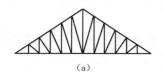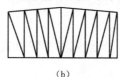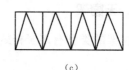

图 10.7　钢屋架形式

(a)三角形屋架；(b)梯形屋架；(c)平行弦屋架

(1)屋架的跨度主要是根据施工工艺和建筑要求来确定，普通钢屋架常见跨度为 18 m、21 m、24 m、27 m、30 m、36 m 等。

钢屋架计算跨度的确定：简支于柱顶的钢屋架，其计算跨度取决于屋架支反力间的距离，按下列公式确定：

$$l_0 = l - (300 \sim 400) \quad （封闭结合）$$

$$l_0 = l \quad （非封闭结合）$$

式中　l——屋架跨度。

(2)屋架的高度取决于经济、刚度要求和运输界限三个方面。同时又和屋面坡度密切相关，有时还受到建筑要求的限制。屋架高度确定的主要程序如下：

1)根据屋架的形式和设计经验确定出屋架的端部高度。

2)按屋面材料对屋面坡度的要求确定出屋架的跨中高度。

3)综合考虑其他各影响因素，最后确定屋架的高度。

当屋架的外形和主要尺寸(跨度、高度)都确定之后,桁架各杆的几何长度即可根据三角函数或投影关系求得。

人字形和梯形屋架的中部高度主要取决于经济要求,一般情况下可在下列范围内采用:

梯形和平行弦屋架:$h=(1/10\sim1/6)l_0$;

三角形屋架:$h=(1/6\sim1/4)l_0$。

二、托架

支承中间屋架的桁架称为托架,由于工艺要求需扩大柱距时采用。其可分为单壁式和双壁式,如图 10.8 所示。通常多采用单壁式托架,当需要抵抗扭转以及跨度和荷载较大时,可采用双壁式托架。

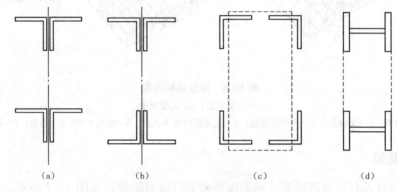

图 10.8 托架的截面形式
(a)、(b)单壁式托架;(c)、(d)双壁式托架

三、天窗架

天窗架的类型有多竖杆式、三支点式和三铰拱式等,常见的几种天窗架类型如图 10.9所示。

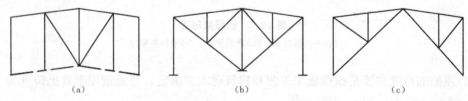

图 10.9 天窗架的形式
(a)多竖杆式;(b)三支点式;(c)三铰拱式

四、支撑系统

1. 支撑系统的作用

(1)保证屋盖结构的空间几何稳定性即几何形状不变。平面桁架能保证屋架平面内的几何稳定性,支撑系统则保证屋架平面外的几何稳定性。

(2)保证屋盖结构的空间刚度和空间整体性。屋架上弦和下弦的水平支撑与屋架弦杆组成水平桁架,屋架端部和中部的垂直支撑则与屋架竖杆组成垂直桁架,无论桁架结构承受竖向或纵、横向水平荷载,都能通过一定的桁架体系把力传向支座,只发生较小的弹性变形，即有足够的刚度和整体性。

2. 支撑系统的分类

(1)横向水平支撑。在各屋架上弦杆所在平面沿房屋横向设置的支撑称为上弦横向水平支撑。在各屋架下弦杆所在平面沿房屋横向设置的支撑称为下弦横向水平支撑。一般情况均应设置下弦横向水平支撑。下弦横向水平支撑应与上弦横向水平支撑设在同一柱间，以形成空间稳定体系。

(2)纵向水平支撑。当房屋内设有托架、较大吨位的重级、中级工作制的桥式吊车、壁行吊车、锻锤等大型振动设备，以及房屋较高、跨度较大、空间刚度要求高时，均应在屋架下弦(三角形屋架可在上弦或下弦)端节间设置纵向水平支撑。下弦纵向水平支撑与下弦横向水平支撑形成闭合框，加强了屋盖结构的整体性并提高房屋纵、横向的刚度。

(3)垂直支撑。垂直于地面并垂直于屋架平面的支撑体系称为垂直支撑。所有房屋中均应设置垂直支撑。梯形屋架在跨度 $L \leqslant 30$ m，三角形屋架在跨度 $L \leqslant 18$ m 时，可仅在跨度中央设置一道垂直支撑，当跨度大于上述数值时宜在跨度 1/3 附近或天窗架侧柱处设置两道。屋架的垂直支撑与上、下弦横向水平支撑应尽量布置在同一柱间，以确保屋盖结构为几何不变体系。

(4)系杆。不设横向支撑的其他屋架，其上、下弦的侧向稳定性由与横向支撑节点相连的系杆来保证。能承受拉力也能承受压力的系杆称为刚性系杆；只能承受拉力的系杆称为柔性系杆。它们的长细比分别按压杆和拉杆控制。

本章小结

(一)钢结构的特点

钢结构的优点有：强度高，塑性和韧性好，材质均匀和力学计算的假定比较符合，钢结构制作简便，施工工期短，钢结构密闭性较好，水密性和气密性较好，适宜建造密闭的板壳结构。

钢结构的缺点有：钢结构耐腐蚀性差，容易腐蚀，处于较强腐蚀性介质内的建筑物不宜采用钢结构，钢材耐热但不耐火。

(二)钢结构的材料

钢材的性能包括力学性能和工艺性能。力学性能有：屈服强度、抗拉强度、断后伸长率、耐疲劳性和冲击韧性等。工艺性能有冷弯性能和焊接性能。

常见的钢材主要有钢板、型钢、钢管和钢筋等。

(三)钢结构的连接

(1)焊缝连接。焊缝连接是通过电弧产生的热量使焊条和焊件局部熔化，经冷却凝结成焊缝，从而将焊件连接成为一体。

(2)螺栓连接。螺栓连接是通过螺栓这种紧固件把连接件连接成为一体。螺栓连接分普通螺栓连接和高强度螺栓连接两种。

(3)铆钉连接。铆钉连接是将一端带有半圆形预制钉头的铆钉，将钉杆烧红后迅速插入连接件的钉孔中，然后用铆钉枪将另一端也打铆成钉头，以使连接达到紧固。铆接工艺复杂、制造费工费料，且劳动强度高，故已基本被焊接和高强度螺栓连接所取代。

(四)钢屋盖

钢屋盖结构主要由屋面板或檩条、屋架和支撑组成，有的还设有托架和天窗架等构件。

思考题实践练习

1. 钢结构的类型有哪些？
2. 钢结构的特点有哪些？
3. 钢材的力学性能有哪些？
4. 钢材的化学成分有哪些？对钢材的性能有什么影响？
5. 钢材的类型和规格有哪些？
6. 钢的牌号由哪些部分组成？
7. 钢结构的连接方式有哪几种？
8. 钢屋盖主要由哪些部分组成？可分为几种类型？

第十一章　建筑结构抗震设计简介

本章重点

地震的基础知识；抗震设防与概念设计。

第一节　地震的基础知识

地震俗称地动，是一种具有突发性的自然现象，是由于地面运动而引起的震动。

一、地震的类型

地震按其发生的原因，主要有以下几种类型：

(1)火山地震。由于火山爆发而引起的地震。

(2)陷落地震。由于地表或者地下岩层突然发生大规模陷落和崩塌而造成的地震。

(3)诱发地震。由于人工爆破、矿山开采及工程活动引起的地震。

(4)构造地震。由于地球内部岩层的构造变动引起的地震。

其中构造地震破坏作用大，影响范围广，是研究工程抗震时的主要对象。

地球内部断层错动并引起周围介质振动的部位为震源；震源正上方的地面位置为震中；地面某处至震中的水平距离为震中距。

二、地震波

地震引起的振动以波的形式从震源向四周传播，这种波就称为地震波。地震波按其在地壳传播的位置不同，可分为体波和面波。

(1)体波是在地球内部由震源向四周传播的波，可分为纵波和横波。

1)纵波是由震源向四周传播的压缩波，介质质点的振动方向与波的传播方向一致，引起地面垂直振动，其周期短、振幅小、波速快。

2)横波(S波)传播的是由震源向四周传播的剪切波，介质质点的振动方向与波的传播方向垂直，引起地面水平振动，其周期长、振幅大、波速慢。

(2)面波是体波经地层界面多次放射、折射形成的次生波。面波的质点振动方向比较复杂，既引起地面水平振动，又引起地面垂直振动。

当地震发生时，纵波首先到达，使房屋产生上下颠簸，接着横波到达，使房屋产生水平摇晃，一般是当面波和横波都到达时，房屋振动最为激烈。

三、地震的破坏作用

1. 地表破坏现象

(1)地裂缝。在强烈地震作用下，常常在地面产生裂缝，根据产生的原理，可分为重力地裂缝和构造地裂缝两种。重力地裂缝是由于地面作剧烈震动而引起的惯性力超过了土的抗剪强度所致；构造地裂缝与地质构造有关，是地壳深部断层错动延伸至地面的裂缝。

（2）喷砂冒水。在地下水位较高的平原及沿海地区，地下存在埋深较浅的细砂或粉土层地震发生时，强烈震动使地下水压力急剧增高，使饱和的细砂或粉土颗粒处于悬浮状态，造成这部分土体液化，从地裂缝或土质松软的地方冒出地面，形成喷砂冒水现象。严重的地方可造成房屋下沉、倾斜、开裂甚至倒塌。

（3）地面下沉。在强烈的地震作用下，在回填土和孔隙较大黏性土等松软而压缩性较高的土层中，往往发生震陷，使建筑物破坏。另外，在岩溶洞和采空区也常发生震陷。

（4）滑坡、塌方。在强烈的地震下，常引起河岸、陡坡滑坡，有时规模很大，造成公路堵塞、岸边建筑物破坏。

2. 建筑物破坏

（1）结构丧失整体性。建筑物一般都由许多构件组成，在地震作用下因构件连接不牢、支撑长度不够或作为支座的墙体倒塌、柱断裂，都会引起结构丧失整体性而破坏。

（2）承重结构承载力不足而引起的破坏。作为结构主要承重的构件，墙、柱、梁等由于其强度不足，在地震发生时首先破坏，不能继续承受重力荷载从而造成房屋倒塌。

（3）地基失效。当建筑物建在软弱的地基土上或建在液化的地基土上，而又未进行特殊处理，在地震发生时地基土的抗剪承载力不能抵抗重力的继续作用，从而造成房屋的局部倾斜或不均匀下沉。

3. 次生灾害

地震除直接造成建筑物破坏外，还会引起火灾、水灾、爆炸、细菌蔓延、有毒物质污染和海啸等次生灾害。尤其在大城市，由次生灾害造成的损失有时比地震直接产生的灾害造成的损失还要大。

四、震级与烈度

地震震级是衡量一次地震释放能量大小的尺度，即表示地震本身大小的一种尺度，震级 M 常按下式确定：

$$M = \lg A \tag{11-1}$$

式中　　M——里氏震级；

A——表示在离震中 100 km 处的坚硬地面上，由标准地震仪（摆的自振周期为 0.8 s，阻尼为 0.8，放大倍数为 2 800 倍）所记录的最大水平位移（单位为 μm）。

根据 M 的大小可将地震分为：$M < 2$，微震；$M = 2 \sim 4$，有感地震；$M > 5$，破坏性地震；$M = 7 \sim 8$，强烈地震；$M > 8$，特大地震。

地震烈度是指某一地区的地面及建筑遭受到一次地震影响的强弱程度。用 I 表示。相对震源而言，地震烈度也可以把它理解为地震场的强度。

地震的震级与地震烈度是两个不同的概念，对于一次地震，只能有一个震级，而有多个烈度。一般来说离震中愈远地震烈度愈小，震中区的地震烈度最大，并称为"震中烈度"。

同一地震中，具有相同地震烈度地点的连线称为等震线。可通过地震烈度表进行评定。

一个地区在一定时期（我国取 50 年）内，可能遭受的不同地震烈度的频率是不同的。根据地震发生的概率频度（50 年发生的超越概率）将地震分为"多遇烈度""基本烈度"和"罕遇烈度"三种。其中，基本烈度(中震)的超越概率为 10%，是一个地区进行抗震设防的依据；多遇烈度(小震)出现概率最多，超越概率为 63.2%，比基本烈度约低 1.55 度；罕遇烈度(大震)的超越概率为 2%～3%，比基本烈度约高出 1.0 度。

第二节　抗震设防与概念设计

一、抗震设防的依据

抗震设防烈度是指按国家规定的权限批准作为一个地区抗震设防依据的地震烈度。

一般情况下，抗震设防烈度可采用地震基本烈度值。

《建筑抗震设计规范》(GB 50011—2010)规定，抗震设防烈度为 6 度及以上地区的建筑物必须进行抗震设计。

二、抗震设防目标

房屋结构的抗震设防目标，是对建筑结构应具有的抗震安全性能的总要求。《建筑抗震设计规范》(GB 50011—2010)明确提出了三个水准的抗震设防要求。

第一水准：当遭受低于本地区抗震设防烈度的多遇地震影响时，建筑物一般不受损坏或不需修理可继续使用。

第二水准：当遭受相当于本地区抗震设防烈度的地震影响时，建筑物可能损坏，但经一般修理或不修理仍可继续使用。

第三水准：当遭受高于本地区抗震设防烈度的罕遇地震影响时，建筑物不致倒塌或发生危及生命安全的严重破坏。

即要求建筑物在遭到多发的小震(即多遇烈度)时做到结构上不损坏，而在遭到发生概率很小的大震(即罕遇烈度)时允许结构破坏，但在任何情况下都不应使建筑物倒塌，不致造成人员伤亡。概括来说，抗震设防目标为"小震不坏，中震可修，大震不倒"。

三、抗震设计的方法

《建筑抗震设计规范》(GB 50011—2010)采用两阶段设计方法实现上述三个水准的设防要求。

第一阶段设计：按第一水准(小震)的地震动参数计算结构地震作用效应并与其他荷载效应的基本组合，进行结构构件的截面承载力验算和弹性变形验算，同时采取相应的构造措施，这样既满足第一水准"不坏"的设防要求又能满足第二水准"损坏可修"的设防要求。

第二阶段设计：对于地震时易倒塌的结构、有明显薄弱层的不规则结构以及特殊要求的建筑结构，还应进行结构薄弱部位的弹塑性层间变形验算并采取相应的抗震构造措施，实现第三水准的设防要求。

四、抗震设计的基本要求

建筑结构抗震设计的基本要求是确定建筑抗震设防分类、设防标准和场地选择等。

1. 建筑抗震设防的分类

对于不同使用性质的建筑物，地震破坏所造成后果的严重性是不同的。因此，对于不同用途建筑物的抗震设防不宜采用同一标准，而应根据其破坏后果加以区别对待。为此，《建筑工程抗震设防分类标准》(GB 50223—2008)将建筑物按其用途的重要性分为以下四类。

(1)特殊设防类。指使用上有特殊设施，涉及国家公共安全的重大建筑工程和地震时可能发生严重次生灾害等特别重大灾害后果，需要进行特殊设防的建筑，简称甲类。

(2)重点设防类。指地震时使用功能不能中断或需尽快恢复的生命线相关建筑，以及地震时可能导致大量人员伤亡等重大灾害后果，需要提高设防标准的建筑，简称乙类。

(3)标准设防类。指大量的除甲、乙、丁类建筑以外按标准要求进行设防的建筑，简称丙类。

(4)适度设防类。指使用上人员稀少且震损不致产生次生灾害，允许在一定条件下适度降低要求的建筑，简称丁类。

2. 设防标准

各抗震设防类别建筑的抗震设防标准，应符合下列要求：

(1)标准设防类，应按本地区抗震设防烈度确定其抗震措施和地震作用，达到在遭遇高于当地抗震设防烈度的预估罕遇地震影响时不致倒塌或发生危及生命安全的严重破坏的抗震设防目标。

(2)重点设防类，应按高于本地区抗震设防烈度一度的要求加强其抗震措施；但抗震设防烈度为9度时应按比9度更高的要求采取抗震措施；地基基础的抗震措施，应符合有关规定。同时，应按本地区抗震设防烈度确定其地震作用。

(3)特殊设防类，应按高于本地区抗震设防烈度提高一度的要求加强其抗震措施；但抗震设防烈度为9度时应按比9度更高的要求采取抗震措施。同时，应按批准的地震安全性评价的结果且高于本地区抗震设防烈度的要求确定其地震作用。

(4)适度设防类，允许比本地区抗震设防烈度的要求适当降低其抗震措施，但抗震设防烈度为6度时不应降低。一般情况下，仍应按本地区抗震设防烈度确定其地震作用。

另外，对于划为重点设防类而规模很小的工业建筑，当改用抗震性能较好的材料且符合抗震设计规范对结构体系的要求时，允许按标准设防类设防。

3. 场地选择

建筑场地的地段类别应按表11.1划分。

表11.1 各类地段的划分

地段类别	地质、地形、地貌
有利地段	稳定基岩，坚硬土，开阔、平整、密实、均匀的中硬土等
一般地段	不属于有利、不利和危险的地段
不利地段	软弱土，液化土，条状突出的山嘴，高耸孤立的山丘，陡坡，陡坎，河岸和边坡的边缘，平面分布上成因、岩性、状态明显不均匀的土层(含故河道、疏松的断层破碎带、暗埋的塘浜沟谷和半填半挖地基)，高含水量的可塑黄土，地表存在结构性裂缝等
危险地段	地震时可能发生滑坡、崩塌、地陷、地裂、泥石流等及发震断裂带上可能发生地表位错的部位

选择建筑场地时应选择有利地段、避开不利地段，不应在危险地段建造甲、乙、丙类建筑。

建筑场地的类别，应根据土层等效剪切波速和场地覆盖层厚度按表11.2划分。

m

表11.2　各类建筑场地的覆盖层厚度

岩石的剪切波速或 土层等效剪切波速/(m·s⁻¹)	场地类别				
	I_0	I_1	Ⅱ	Ⅲ	Ⅳ
$v_s>800$	0				
$800≥v_s>500$		0			
$500≥v_{se}>250$		<5	≥5		
$250≥v_{se}>150$		<3	3~50	>50	
$v_{se}≤150$		<3	3~15	15~80	>80

注：表中 v_s 是岩石的剪切波速。

五、建筑抗震概念设计

概念设计是指根据地震灾害和工程经验等所形成的基本设计原则和设计思想，进行建筑和结构总体布置并确定细部构造的过程。由于地震是随机的，具有不确定性和复杂性，单靠"数值设计"很难有效地控制结构的抗震性能。结构的抗震性能取决于良好的"概念设计"。

(1)建筑及其抗侧力结构平面布置宜均匀、对称，并具有良好的整体性；建筑的立面和剖面宜规则，抗侧力结构的侧向刚度和承载力宜均匀。不规则的建筑结构(包括平面不规则和立面不规则两种)，应按规范要求进行水平地震作用计算和内力调整，并对薄弱部位采取有效的抗震构造措施。建筑设计应符合抗震概念设计的要求，不应采用严重不规则的设计方案。

不规则的主要类型见表11.3和表11.4。

表11.3　平面不规则的主要类型

不规则类型	定义和参考指标
扭转不规则	在规定的水平力作用下，楼层的最大弹性水平位移或层间位移，大于该楼层两端弹性水平位移或层间位移平均值的1.2倍
凹凸不规则	平面凹进的尺寸，大于相应投影方向总尺寸的30%
楼板局部不连续	楼板的尺寸和平面刚度急剧变化，例如，有效板宽度小于该层楼板典型宽度的50%，或开洞面积大于该层楼板面积的30%，或较大的楼层错层

表11.4　竖向不规则的主要类型

不规则类型	定义和参考指标
侧向刚度不规则	该层的侧向刚度小于相邻上一层的70%，或小于其上相邻三个楼层侧向刚度平均值的80%；除顶层或出屋面的小建筑外，局部收进的水平向尺寸大于相邻下一层的25%
竖向抗侧力构件不连续	竖向抗侧力构件(柱、抗震墙、抗震支撑等)的内力由水平转换构件(梁、桁架等)向下传递
楼层承载力突变	抗侧力结构的层面受剪承载力小于相邻上一楼层的80%

（2）平面不规则而竖向规则的建筑，应采用空间结构计算模型，并应符合下列要求：

1）扭转不规则时，应计入扭转影响，且楼层竖向构件最大的弹性水平位移和层间位移分别不宜大于楼层两端弹性水平位移和层间位移平均值的1.5倍，当最大层间位移远小于规范限值时，可适当放宽。

2）凹凸不规则或楼板局部不连续时，应采用符合楼板平面内实际刚度变化的计算模型；高烈度或不规则程度较大时，宜计入楼板局部变形的影响。

3）平面不对称且凹凸不规则或局部不连续，可根据实际情况分块计算扭转位移比，对扭转较大的部位应采用局部的内力增大系数。

（3）平面规则而竖向不规则的建筑，应采用空间结构计算模型，刚度小的楼层的地震剪力应乘以不小于1.15的增大系数，其薄弱层应按有关规定进行弹塑性变形分析，并应符合下列要求：

1）竖向抗侧力构件不连续时，该构件传递给水平转换构件的地震内力应根据烈度高低和水平转换构件的类型、受力情况、几何尺寸等，乘以1.25～2.0的增大系数。

2）侧向刚度不规则时，相邻层的侧向刚度比应依据其结构类型符合相关章节的规定。

3）楼层承载力突变时，薄弱层抗侧力结构的受剪承载力不应小于相邻上一楼层的65%。

（4）平面不规则且竖向不规则的建筑，应根据不规则类型的数量和程度，有针对性地采取不低于第（2）、（3）条要求的各项抗震措施。特别不规则的建筑，应经专门研究，采取更有效地加强措施或对薄弱部位采用相应的抗震性能化设计方法。

 本章小结

（一）地震类型

地震按其发生的原因，主要分为以下几类：

（1）火山地震。由于火山爆发而引起的地震。

（2）陷落地震。由于地表或者地下岩层突然发生大规模陷落和崩塌而造成的地震。

（3）诱发地震。由于人工爆破、矿山开采及工程活动引发的地震。

（4）构造地震。由于地球内部岩层的构造变动引起的地震。

（二）抗震设计基本要求

《建筑抗震设计规范》(GB 50011—2010)规定，抗震设防烈度为6度及以上地区的建筑物必须进行抗震设计。

《建筑抗震设计规范》(GB 50011—2010)明确提出了三个水准的抗震设防要求：

第一水准：当遭受低于本地区抗震设防烈度的多遇地震影响时，建筑物一般不受损坏或不需修理可继续使用。第二水准：当遭受相当于本地区抗震设防烈度的地震影响时，建筑物可能损坏，但经一般修理或不修理仍可继续使用。第三水准：当遭受高于本地区抗震设防烈度的罕遇地震影响时，建筑物不致倒塌或发生危及生命安全的严重破坏。

概括来说，抗震设防目标为"小震不坏，中震可修，大震不倒"。

建筑结构抗震设计的基本要求是确定建筑抗震设防分类、设防标准和场地选择等。

（1）建筑抗震设防分类。《建筑工程抗震设防分类标准》(GB 50223—2008)将建筑物按其用途的重要性分为四类：甲类建筑、乙类建筑、丙类建筑和丁类建筑。

（2）设防标准。对各类建筑抗震设防标准的具体规定为：甲类建筑在6～8度设防区应本地区按设防烈度提高一度计算地震作用和采取抗震构造措施，当为9度区时，应做专门研究。乙类建筑按本地区设防烈度进行抗震计算，抗震构造措施提高一度考虑。丙类建筑的抗震计算与构造措施均按本地区设防烈度考虑。丁类建筑按本地区设防烈度进行抗震计算，抗震构造措施可适当降低要求（设防烈度为6度时不再降低）。抗震设防烈度为6度时，除另有规定外，对乙、丙、丁类建筑可不进行地震作用计算。

（3）场地选择。选择建筑场地时，应根据工程需要和地震活动情况、工程地质和地震地质的有关资料，对抗震有利、一般、不利和危险地段做出综合评价。对不利地段，应提出避开要求；当无法避开时应采取有效的措施。对危险地段，严禁建造甲、乙类的建筑，不应建造丙类的建筑。

思考题实践练习

1. 地震类型有哪些？
2. 地震的破坏作用主要有哪几种？
3. 什么叫地震震级？根据震级地震如何分类？
4. 什么叫地震烈度？
5. 抗震设防目标有哪些要求？
6. 建筑抗震设防可分为哪几类？
7. 建筑抗震概念设计主要包括哪些内容？

附录 常用数据

附表1 民用建筑楼面均布活荷载的标准值及其组合值、频遇值和准永久值系数的取值

项次	类 别			标准值/(kN·m^{-2})	组合值系数 φ_c	频遇值系数 φ_f	准永久值系数 φ_q
1	(1)住宅、宿舍、旅馆、办公楼、医院病房、托儿所、幼儿园			2.0	0.7	0.5	0.4
	(2)试验室、阅览室、会议室、医院门诊室			2	0.7	0.6	0.5
2	教室、食堂、餐厅、一般资料档案室			2.5	0.7	0.6	0.5
3	(1)礼堂、剧场、影院、有固定座位的看台			3.0	0.7	0.5	0.3
	(2)公共洗衣房			3.0	0.7	0.6	0.5
4	(1)商店、展览厅、车站、港口、机场大厅及旅客等候室			3.5	0.7	0.6	0.5
	(2)无固定座位的看台			3.5	0.7	0.5	0.3
5	(1)健身房、演出舞台			4.0	0.7	0.6	0.5
	(2)运动场、舞厅			4.0	0.7	0.6	0.3
6	(1)书库、档案库、储藏室			5.0	0.9	0.9	0.8
	(2)密集柜书库			12.0	0.9	0.9	0.8
7	通风机房、电梯机房			7.0	0.9	0.9	0.8
8	汽车通道及客车停车库	(1)单向板楼盖(板跨不小于2 m)和双向板楼盖(板跨不小于3 m×3 m)	客车	4.0	0.7	0.7	0.6
			消防车	35.0	0.7	0.5	0
		(2)双向板楼盖(板跨不小于6 m×6 m)和无梁楼盖(柱网不小于6 m×6 m)	客车	2.5	0.7	0.7	0.6
			消防车	20.0	0.7	0.5	0
9	厨房	(1)餐厅		4.0	0.7	0.7	0.7
		(2)其他		2.0	0.7	0.6	0.5
10	浴室、卫生间、盥洗室			2.5	0.7	0.6	0.5
11	走廊、门厅	(1)宿舍、旅馆、医院病房、托儿所、幼儿园、住宅		2.0	0.7	0.5	0.4
		(2)办公楼、餐厅、医院门诊部		2.5	0.7	0.6	0.5
		(3)教学楼及其他可能出现人员密集的情况		3.5	0.7	0.5	0.3
12	楼梯	(1)多层住宅		2.0	0.7	0.5	0.4
		(2)其他		3.5	0.7	0.5	0.3

项次	类　别		标准值/(kN·m⁻²)	组合值系数 φc	频遇值系数 φf	准永久值系数 φq
13	阳台	(1)可能出现人员密集的情况	3.5	0.7	0.6	0.5
		(2)其他	2.5	0.7	0.6	0.5

注：1. 本表所给各项活荷载适用于一般使用条件，当使用荷载较大、情况特殊或有专门要求时，应按实际情况采用。

2. 第6项书库活荷载，当书架高度大于2 m时，书库活荷载尚应按每米书架高度不小于2.5 kN/m²确定。

3. 第8项中的客车活荷载仅适用于停放载人数少于9人的客车；消防车活荷载适用于满载总重为300 kN的大型车辆；当不符合本表的要求时，应将车轮的局部荷载按结构效应的等效原则，换算为等效均布荷载。

4. 第8项消防车活荷载，当双向板楼盖板跨介于3 m×3 m～6 m×6 m之间时，应按跨度线性插值确定。

5. 第12项楼梯活荷载，对预制楼梯踏步平板，尚应按1.5 kN集中荷载验算。

6. 本表各项荷载不包括隔墙自重和二次装修荷载；对固定隔墙的自重，应按永久荷载考虑，当隔墙位置可灵活自由布置时，非固定隔墙的自重应取不小于1/3的每延米长墙重(kN/m)作为楼面活荷载的附加值(kN/m²)计入，且附加值不应小于1.0 kN/m²。

附表2　活荷载按楼层的折减系数

墙、柱、基础计算截面以上的层数	1	2～3	4～5	6～8	9～20	>20
计算截面以上各楼层活荷载总和的折减系数	1.00(0.90)	0.85	0.70	0.65	0.60	0.55

注：当楼面梁的从属面积超过25 m²时，应采用括号内的系数。

附表3　屋面均布活荷载标准值及其组合值系数、频遇值系数和准永久值系数

项次	类　别	标准值/(kN·m⁻²)	组合值系数 φc	频遇值系数 φf	准永久值系数 φq
1	不上人的屋面	0.5	0.7	0.5	0.0
2	上人的屋面	2.0	0.7	0.5	0.4
3	屋顶花园	3.0	0.7	0.6	0.5
4	屋顶运动场地	3.0	0.7	0.6	0.4

注：1. 不上人的屋面，当施工或维修荷载较大时，应按实际情况采用；对不同类型的结构应按有关设计规范的规定采用，但不得低于0.3 kN/m²。

2. 当上人的屋面兼作其他用途时，应按相应楼面活荷载采用。

3. 对于因屋面排水不畅、堵塞等引起的积水荷载，应采取构造措施加以防止；必要时，应按积水的可能深度确定屋面活荷载。

4. 屋顶花园活荷载不应包括花圃土石等材料自重。

附表4　屋面积灰荷载标准值及其组合值系数、
频遇值系数和准永久值系数

序号	项　目	标准值/(kN·m⁻²)			组合值系数 φ_c	频遇值系数 φ_f	准永久值系数 φ_q
		屋面无挡风板	屋面有挡风板				
			挡风板内	挡风板外			
1	机械厂铸造车间(冲天炉)	0.50	0.75	0.30			
2	炼钢车间(氧气转炉)	—	0.75	0.30			
3	锰、铬铁合金车间	0.75	1.00	0.30			
4	硅、钨铁合金车间	0.30	0.50	0.30			
5	烧结室、一次混合室	0.50	1.00	0.20	0.9	0.9	0.8
6	烧结厂通廊及其他车间	0.30	—				
7	水泥厂有灰源车间(窑房、磨坊、联合贮库、烘干房、破碎房)	1.00	—				
8	水泥厂无灰源车间(空气压缩机站、机修间、材料库、配电站)	0.50	—				

注：1. 表中的积灰均布荷载，仅应用于屋面坡度 α 不大于25°；当 α 大于45°时，可不考虑积灰荷载；当 α 在25°～45°范围内时，可按线性内插法取值。

2. 清灰设施的荷载另行考虑。

3. 对第1～4项的积灰荷载，仅应用于距烟囱中心20 m半径范围内的屋面；当邻近建筑在该范围内时，其积灰荷载对第1、3、4项应按车间屋面无挡风板采用，对第2项应按车间屋面有挡风板采用。

附表5　吊车荷载的组合值、频遇值及准永久值系数

	吊车工作级别	组合值系数 ψ_c	频遇值系数 ψ_f	准永久值系数 ψ_q
软钩吊车	工作级别 A1～A3	0.7	0.6	0.5
	工作级别 A4、A5	0.7	0.7	0.6
	工作级别 A6、A7	0.7	0.7	0.7
硬钩吊车及工作级别 A8 的软钩吊车		0.95	0.95	0.95

附表6 钢筋混凝土矩形截面受弯构件正截面受弯承载力计算系数表

α_s	γ_s	ξ	α_s	γ_s	ξ	α_s	γ_s	ξ
0.010	0.995	0.010	0.053	0.973	0.054	0.096	0.949	0.101
0.011	0.994	0.011	0.054	0.972	0.056	0.097	0.949	0.102
0.012	0.994	0.012	0.055	0.972	0.057	0.098	0.948	0.103
0.013	0.993	0.013	0.056	0.971	0.058	0.099	0.948	0.104
0.014	0.993	0.014	0.057	0.971	0.059	0.100	0.947	0.106
0.015	0.992	0.015	0.058	0.970	0.060	0.101	0.947	0.107
0.016	0.992	0.016	0.059	0.970	0.061	0.102	0.946	0.108
0.017	0.991	0.017	0.060	0.969	0.062	0.103	0.946	0.109
0.018	0.991	0.018	0.061	0.969	0.063	0.104	0.945	0.110
0.019	0.990	0.019	0.062	0.968	0.064	0.105	0.944	0.111
0.020	0.990	0.020	0.063	0.967	0.065	0.106	0.944	0.112
0.021	0.989	0.021	0.064	0.967	0.066	0.107	0.943	0.113
0.022	0.989	0.022	0.065	0.966	0.067	0.108	0.943	0.115
0.023	0.988	0.023	0.066	0.966	0.068	0.109	0.942	0.116
0.024	0.988	0.024	0.067	0.965	0.069	0.110	0.942	0.117
0.025	0.987	0.025	0.068	0.965	0.070	0.111	0.941	0.118
0.026	0.987	0.026	0.069	0.964	0.072	0.112	0.940	0.119
0.027	0.986	0.027	0.070	0.964	0.073	0.113	0.940	0.120
0.028	0.986	0.028	0.071	0.963	0.074	0.114	0.939	0.121
0.029	0.985	0.029	0.072	0.963	0.075	0.115	0.939	0.123
0.030	0.985	0.030	0.073	0.962	0.076	0.116	0.938	0.124
0.031	0.984	0.031	0.074	0.962	0.077	0.117	0.938	0.125
0.032	0.984	0.033	0.075	0.961	0.078	0.118	0.937	0.126
0.033	0.983	0.034	0.076	0.960	0.079	0.119	0.936	0.127
0.034	0.983	0.035	0.077	0.960	0.080	0.120	0.936	0.128
0.035	0.982	0.036	0.078	0.959	0.081	0.121	0.935	0.129
0.036	0.982	0.037	0.079	0.959	0.082	0.122	0.935	0.131
0.037	0.981	0.038	0.080	0.958	0.083	0.123	0.934	0.132
0.038	0.981	0.039	0.081	0.958	0.085	0.124	0.934	0.133
0.039	0.980	0.040	0.082	0.957	0.086	0.125	0.933	0.134
0.040	0.980	0.041	0.083	0.957	0.087	0.126	0.932	0.135
0.041	0.979	0.042	0.084	0.956	0.088	0.127	0.932	0.136
0.042	0.979	0.043	0.085	0.956	0.089	0.128	0.931	0.137
0.043	0.978	0.044	0.086	0.955	0.090	0.129	0.931	0.139
0.044	0.977	0.045	0.087	0.954	0.091	0.130	0.930	0.140
0.045	0.977	0.046	0.088	0.954	0.092	0.131	0.930	0.141
0.046	0.976	0.047	0.089	0.953	0.093	0.132	0.929	0.142
0.047	0.976	0.048	0.090	0.953	0.094	0.133	0.928	0.143
0.048	0.975	0.049	0.091	0.952	0.096	0.134	0.928	0.144
0.049	0.975	0.050	0.092	0.952	0.097	0.135	0.927	0.146
0.050	0.974	0.051	0.093	0.951	0.098	0.136	0.927	0.147
0.051	0.974	0.052	0.094	0.951	0.099	0.137	0.926	0.148
0.052	0.973	0.053	0.095	0.950	0.100	0.138	0.925	0.149

α_s	γ_s	ξ	α_s	γ_s	ξ	α_s	γ_s	ξ
0.139	0.925	0.150	0.182	0.899	0.203	0.225	0.871	0.258
0.140	0.924	0.151	0.183	0.898	0.204	0.226	0.870	0.260
0.141	0.924	0.153	0.184	0.897	0.205	0.227	0.869	0.261
0.142	0.923	0.154	0.185	0.897	0.206	0.228	0.869	0.262
0.143	0.922	0.155	0.186	0.896	0.208	0.229	0.868	0.264
0.144	0.922	0.156	0.187	0.896	0.209	0.230	0.867	0.265
0.145	0.921	0.157	0.188	0.895	0.210	0.231	0.867	0.267
0.146	0.921	0.159	0.189	0.894	0.211	0.232	0.866	0.268
0.147	0.920	0.160	0.190	0.894	0.213	0.233	0.865	0.269
0.148	0.920	0.161	0.191	0.893	0.214	0.234	0.865	0.271
0.149	0.919	0.162	0.192	0.892	0.215	0.235	0.864	0.272
0.150	0.918	0.163	0.193	0.892	0.216	0.236	0.863	0.273
0.151	0.918	0.165	0.194	0.891	0.218	0.237	0.863	0.275
0.152	0.917	0.166	0.195	0.891	0.219	0.238	0.862	0.276
0.153	0.917	0.167	0.196	0.890	0.220	0.239	0.861	0.278
0.154	0.916	0.168	0.197	0.889	0.222	0.240	0.861	0.279
0.155	0.915	0.169	0.198	0.889	0.223	0.241	0.860	0.280
0.156	0.915	0.171	0.199	0.888	0.224	0.242	0.859	0.282
0.157	0.914	0.172	0.200	0.887	0.225	0.243	0.858	0.283
0.158	0.914	0.173	0.201	0.887	0.227	0.244	0.858	0.284
0.159	0.913	0.174	0.202	0.886	0.228	0.245	0.857	0.286
0.160	0.912	0.175	0.203	0.885	0.229	0.246	0.856	0.287
0.161	0.912	0.177	0.204	0.885	0.231	0.247	0.856	0.289
0.162	0.911	0.178	0.205	0.884	0.232	0.248	0.855	0.290
0.163	0.910	0.179	0.206	0.883	0.233	0.249	0.854	0.291
0.164	0.910	0.180	0.207	0.883	0.234	0.250	0.854	0.293
0.165	0.909	0.181	0.208	0.882	0.236	0.251	0.853	0.294
0.166	0.909	0.183	0.209	0.881	0.237	0.252	0.852	0.296
0.167	0.908	0.184	0.210	0.881	0.238	0.253	0.851	0.297
0.168	0.907	0.185	0.211	0.880	0.240	0.254	0.851	0.299
0.169	0.907	0.186	0.212	0.879	0.241	0.255	0.850	0.300
0.170	0.906	0.188	0.213	0.879	0.242	0.256	0.849	0.301
0.171	0.906	0.189	0.214	0.878	0.244	0.257	0.849	0.303
0.172	0.905	0.190	0.215	0.877	0.245	0.258	0.848	0.304
0.173	0.904	0.191	0.216	0.877	0.246	0.259	0.847	0.306
0.174	0.904	0.193	0.217	0.876	0.248	0.260	0.846	0.307
0.175	0.903	0.194	0.218	0.875	0.249	0.261	0.846	0.309
0.176	0.902	0.195	0.219	0.875	0.250	0.262	0.845	0.310
0.177	0.902	0.196	0.220	0.874	0.252	0.263	0.844	0.312
0.178	0.901	0.198	0.221	0.873	0.253	0.264	0.844	0.313
0.179	0.901	0.199	0.222	0.873	0.254	0.265	0.843	0.314
0.180	0.900	0.200	0.223	0.872	0.256	0.266	0.842	0.316
0.181	0.899	0.201	0.224	0.871	0.257	0.267	0.841	0.317

α_s	γ_s	ξ	α_s	γ_s	ξ	α_s	γ_s	ξ
0.268	0.841	0.319	0.311	0.807	0.385	0.354	0.770	0.460
0.269	0.840	0.320	0.312	0.807	0.387	0.355	0.769	0.461
0.270	0.839	0.322	0.313	0.806	0.388	0.356	0.768	0.463
0.271	0.838	0.323	0.314	0.805	0.390	0.357	0.767	0.465
0.272	0.838	0.325	0.315	0.804	0.392	0.358	0.766	0.467
0.273	0.837	0.326	0.316	0.803	0.393	0.359	0.766	0.469
0.274	0.836	0.328	0.317	0.802	0.395	0.360	0.765	0.471
0.275	0.835	0.329	0.318	0.802	0.397	0.361	0.764	0.473
0.276	0.835	0.331	0.319	0.801	0.398	0.362	0.763	0.475
0.277	0.834	0.332	0.320	0.800	0.400	0.363	0.762	0.477
0.278	0.833	0.334	0.321	0.799	0.402	0.364	0.761	0.478
0.279	0.832	0.335	0.322	0.798	0.403	0.365	0.760	0.480
0.280	0.832	0.337	0.323	0.797	0.405	0.366	0.759	0.482
0.281	0.831	0.338	0.324	0.797	0.407	0.367	0.758	0.484
0.282	0.830	0.340	0.325	0.796	0.408	0.368	0.757	0.486
0.283	0.829	0.341	0.326	0.795	0.410	0.369	0.756	0.488
0.284	0.829	0.343	0.327	0.794	0.412	0.370	0.755	0.490
0.285	0.828	0.344	0.328	0.793	0.413	0.371	0.754	0.492
0.286	0.827	0.346	0.329	0.792	0.415	0.372	0.753	0.494
0.287	0.826	0.347	0.330	0.792	0.417	0.373	0.752	0.496
0.288	0.826	0.349	0.331	0.791	0.419	0.374	0.751	0.498
0.289	0.825	0.350	0.332	0.790	0.420	0.375	0.750	0.500
0.290	0.824	0.352	0.333	0.789	0.422	0.376	0.749	0.502
0.291	0.823	0.353	0.334	0.788	0.424	0.377	0.748	0.504
0.292	0.822	0.355	0.335	0.787	0.426	0.378	0.747	0.506
0.293	0.822	0.357	0.336	0.786	0.427	0.379	0.746	0.508
0.294	0.821	0.358	0.337	0.785	0.429	0.380	0.745	0.510
0.295	0.820	0.360	0.338	0.785	0.431	0.381	0.744	0.512
0.296	0.819	0.361	0.339	0.784	0.433	0.382	0.743	0.514
0.297	0.819	0.363	0.340	0.783	0.434	0.383	0.742	0.516
0.298	0.818	0.364	0.341	0.782	0.436	0.384	0.741	0.518
0.299	0.817	0.366	0.342	0.781	0.438	0.385	0.740	0.520
0.300	0.816	0.368	0.343	0.780	0.440	0.386	0.739	0.523
0.301	0.815	0.369	0.344	0.779	0.441	0.387	0.738	0.525
0.302	0.815	0.371	0.345	0.778	0.443	0.388	0.737	0.527
0.303	0.814	0.372	0.346	0.777	0.445	0.389	0.736	0.529
0.304	0.813	0.374	0.347	0.777	0.447	0.390	0.735	0.531
0.305	0.812	0.376	0.348	0.776	0.449	0.391	0.733	0.533
0.306	0.811	0.377	0.349	0.775	0.450	0.392	0.732	0.535
0.307	0.811	0.379	0.350	0.774	0.452	0.393	0.731	0.537
0.308	0.810	0.380	0.351	0.773	0.454	0.394	0.730	0.540
0.309	0.809	0.382	0.352	0.772	0.456	0.395	0.729	0.542
0.310	0.808	0.384	0.353	0.771	0.458	0.396	0.728	0.544

附表 7　烧结普通砖和烧结多孔砖砌体的抗压强度设计值　　　　MPa

砖强度 等级	砂 浆 强 度 等 级					砂浆强度
	M15	M10	M7.5	M5	M2.5	0
MU30	3.94	3.27	2.93	2.59	2.26	1.15
MU25	3.60	2.98	2.68	2.37	2.06	1.05
MU20	3.22	2.67	2.39	2.12	1.84	0.94
MU15	2.79	2.31	2.07	1.83	1.60	0.82
MU10	—	1.89	1.69	1.50	1.30	0.67

注：当烧结多孔砖的孔洞率大于30%时，表中数值应乘以0.9。

附表 8　混凝土普通砖和混凝土多孔砖砌体的抗压强度设计值　　　　MPa

砖强度 等级	砂 浆 强 度 等 级					砂浆强度
	Mb20	Mb15	Mb10	Mb7.5	Mb5	0
MU30	4.61	3.94	3.27	2.93	2.59	1.15
MU25	4.21	3.60	2.98	2.68	2.37	1.05
MU20	3.77	3.22	2.67	2.39	2.12	0.94
MU15	—	2.79	2.31	2.07	1.83	0.82

附表 9　蒸压灰砂普通砖和蒸压粉煤灰普通砖砌体的抗压强度设计值　　　　MPa

砖强度 等级	砂 浆 强 度 等 级				砂浆强度
	M15	M10	M7.5	M5	0
MU25	3.60	2.98	2.68	2.37	1.05
MU20	3.22	2.67	2.39	2.12	0.94
MU15	2.79	2.31	2.07	1.83	0.82

注：当采用专用砂浆砌筑时，其抗压强度设计值按表中数值采用。

附表 10　单排孔混凝土砌块和轻集料混凝土砌块对孔砌筑砌体的抗压强度设计值　　MPa

小砌块 强度等级	砂 浆 强 度 等 级					砂浆强度
	Mb20	Mb15	Mb10	Mb7.5	Mb5	0
MU20	6.30	5.68	4.95	4.44	3.94	2.33
MU15	—	4.61	4.02	3.61	3.20	1.89
MU10	—	—	2.79	2.50	2.22	1.31
MU7.5	—	—	—	1.93	1.71	1.01
MU5	—	—	—	—	1.19	0.70

注：1. 对独立柱或厚度为双排组砌的砌块砌体，应按表中数值乘以0.7。
　　2. 对T形截面砌体，应按表中数值乘以0.85。

附表 11　双排孔或多排孔轻集料混凝土砌块砌体的抗压强度设计值　　　MPa

砌块强度等级	砂浆强度等级			砂浆强度
	Mb10	Mb7.5	Mb5	0
MU10	3.08	2.76	2.45	1.44
MU7.5	—	2.13	1.88	1.12
MU5	—	—	1.31	0.78
MU3.5	—	—	0.95	0.56

注：1. 表中的砌块为火山渣、浮石和陶粒轻集料混凝土砌块；
　　2. 对厚度方向为双排组砌的轻集料混凝土砌块砌体的抗压强度设计值，按表中数值乘以0.8。

附表 12　毛料石砌体的抗压强度设计值　　　MPa

毛料石强度等级	砂 浆 强 度 等 级			砂浆强度
	M7.5	M5	M2.5	0
MU100	5.42	4.80	4.18	2.13
MU80	4.85	4.29	3.73	1.91
MU60	4.20	3.71	3.23	1.65
MU50	3.83	3.39	2.95	1.51
MU40	3.43	3.04	2.64	1.35
MU30	2.97	2.63	2.29	1.17
MU20	2.42	2.15	1.87	0.95

注：对细料石砌体、粗料石砌体和干砌勾缝石砌体，表中数值分别乘以调整系数1.4、1.2和0.8。

附表 13　毛石砌体的抗压强度设计值　　　MPa

毛石强度等级	砂 浆 强 度 等 级			砂浆强度
	M7.5	M5	M2.5	0
MU100	1.27	1.12	0.98	0.34
MU80	1.13	1.00	0.87	0.30
MU60	0.98	0.87	0.76	0.26
MU50	0.90	0.80	0.69	0.23
MU40	0.80	0.71	0.62	0.21
MU30	0.69	0.61	0.53	0.18
MU20	0.56	0.51	0.44	0.15

附表 14　沿砌体灰缝截面破坏时砌体的轴心抗拉强度设计值、弯曲抗拉强度设计值和抗剪强度设计值　　　MPa

强度类别	破坏特征及砌体种类		砂浆强度等级			
			≥M10	M7.5	M5	M2.5
轴心抗拉	沿齿缝	烧结普通砖、烧结多孔砖	0.19	0.16	0.13	0.09
		混凝土普通砖、混凝土多孔砖	0.19	0.16	0.13	—
		蒸压灰砂普通砖、蒸压粉煤灰普通砖	0.12	0.10	0.08	—
		混凝土和轻集料混凝土砌块	0.09	0.08	0.07	—
		毛石	—	0.07	0.06	0.04

强度类别	破坏特征及砌体种类		≥M10	M7.5	M5	M2.5
弯曲抗拉	沿齿缝	烧结普通砖、烧结多孔砖	0.33	0.29	0.23	0.17
		混凝土普通砖、混凝土多孔砖	0.33	0.29	0.23	—
		蒸压灰砂普通砖、蒸压粉煤灰普通砖	0.24	0.20	0.16	—
		混凝土和轻集料混凝土砌块	0.11	0.09	0.08	—
		毛石	—	0.11	0.09	0.07
	沿通缝	烧结普通砖、烧结多孔砖	0.17	0.14	0.11	0.08
		混凝土普通砖、混凝土多孔砖	0.17	0.14	0.11	—
		蒸压灰砂普通砖、蒸压粉煤灰普通砖	0.12	0.10	0.08	—
		混凝土和轻集料混凝土砌块	0.08	0.06	0.05	—
抗剪	烧结普通砖、烧结多孔砖		0.17	0.14	0.11	0.08
	混凝土普通砖、混凝土多孔砖		0.17	0.14	0.11	—
	蒸压灰砂普通砖、蒸压粉煤灰普通砖		0.12	0.10	0.08	—
	混凝土和轻集料混凝土砌块		0.09	0.08	0.06	—
	毛石		—	0.19	0.16	0.11

注：1. 对于用形状规则的块体砌筑的砌体，当搭接长度与块体高度的比值小于 1 时，其轴心抗拉强度设计值 f 和弯曲抗拉强度设计值 f_{tm} 应按表中数值乘以搭接长度与块体高度比值后采用；

2. 表中数值依据普通砂浆砌筑的砌体确定，采用经研究性试验且通过技术鉴定的专用砂浆砌筑的蒸压灰砂普通砖、蒸压粉煤灰普通砖砌体，其抗剪强度设计值按相应普通砂浆强度等级砌筑的烧结普通砖砌体采用；

3. 对混凝土普通砖、混凝土多孔砖、混凝土和轻集料混凝土砌块砌体，表中的砂浆强度等级分别≥Mb10、Mb7.5、Mb5。

附表 15　砌体的弹性模量　　　　　　　　　　　　　　　　　　　　　MPa

砌体种类	砂浆强度等级			
	≥M10	M7.5	M5	M2.5
烧结普通砖、烧结多孔砖砌体	1 600f	1 600f	1 600f	1 390f
混凝土普通砖、混凝土多孔砖砌体	1 600f	1 600f	1 600f	—
蒸压灰砂普通砖、蒸压粉煤灰普通砖砌体	1 060f	1 060f	1 060f	—
非灌孔混凝土砌块砌体	1 700f	1 600f	1 500f	—
粗料石、毛料石、毛石砌体	—	5 650	4 000	2 250
细料石砌体	—	17 000	12 000	6 750

注：1. 轻集料混凝土砌块砌体的弹性模量，可按表中混凝土砌块砌体的弹性模量采用；

2. 表中砌体抗压强度设计值是未乘以调整系数前的值；

3. 表中砂浆为普通砂浆。采用专用砂浆砌筑的砌体的弹性模量也按此表取值；

4. 对混凝土普通砖、混凝土多孔砖、混凝土和轻集料混凝土砌块，表中的砂浆强度等级分别为≥Mb10、Mb7.5 及 Mb5；

5. 对蒸压灰砂普通砖和蒸压粉煤灰普通砖砌体，当采用专用砂浆砌筑时，其强度设计值按表中数值采用。

附表 16　砌体的线膨胀系数和收缩率

砌体类别	线膨胀系数 /($10^{-6} \cdot °C^{-1}$)	收缩率 /($mm \cdot m^{-1}$)
烧结普通砖、烧结多孔砖砌体	5	−0.1
蒸压灰砂普通砖、蒸压粉煤灰普通砖砌体	8	−0.2
混凝土普通砖、混凝土多孔砖、混凝土砌块砌体	10	−0.2
轻集料混凝土砌块砌体	10	−0.3
料石和毛石砌体	8	—

注：表中的收缩率是由达到收缩允许标准的块体砌筑 28 d 的砌体收缩率，当地方有可靠的砌体收缩试验数据时，亦可采用当地的试验数据。

附表 17　砌体摩擦系数

材料类别	摩擦面情况	
	干燥	潮湿
砌体沿砌体或混凝土滑动	0.70	0.60
砌体沿木材滑动	0.60	0.50
砌体沿钢滑动	0.45	0.35
砌体沿砂或卵石滑动	0.60	0.50
砌体沿粉土滑动	0.55	0.40
砌体沿黏性土滑动	0.50	0.30

参 考 文 献

[1] 张学宏. 建筑结构[M]. 北京：中国建筑工业出版社，2004.

[2] 刘雁宁. 建筑结构[M]. 北京：北京理工大学出版社，2009.

[3] 中华人民共和国国家标准. GB 50009—2012 建筑结构荷载规范[S]. 北京：中国建筑工业出版社，2012.

[4] 中华人民共和国国家标准. GB 50010—2010 混凝土结构设计规范[S]. 北京：中国建筑工业出版社，2011.

[5] 中华人民共和国国家标准. GB 50003—2011 砌体结构设计规范[S]. 北京：中国计划出版社，2012.

[6] 中华人民共和国国家标准. GB 50011—2010 建筑抗震设计规范[S]. 北京：中国建筑工业出版社，2010.